Aクラスブックス

中学 図形と計量

筑波大学附属駒場中・高校元教諭
深瀬 幹雄 著

昇龍堂出版

まえがき

　この本は，中学の3年間で学習する幾何の内容について，基礎的な性質を使って解く問題から，図形の性質をいくつか用いて解く総合的な問題まで，短期間に効率よく学習できるようにまとめたものです。高校入試でしばしば出題される，角の大きさ，線分の長さ，図形の面積・体積など，図形の計量に関する問題を多く取り上げています。また，高校で学習する内容についても，実際に入試で出題されている問題については扱っていますので，高校入試までしっかりと対応できる学力を養うことができます。

　この本は全4章からなり，学習した内容がむりなく定着するように，幾何の系統的な流れにそって構成されています。1章では，平面図形と空間図形の計量問題と作図について学習します。2章では，合同や相似，平行線の性質を利用して解く問題を扱います。3章では，高校入試で最もよく出題される，円の性質と三平方の定理の利用について学習します。4章では，1章から3章までの内容をふまえた総合的な問題を扱っています。

　数学を学習する目的の1つは，論理的な思考力を養うことです。幾何の問題を解くときには，まず，問題が成立する条件を考え，出題された図形がもつ性質や，その図形について成り立つ定理・公式を適切に利用することが必要です。このように，筋道を立てて問題を考えていくことによってはじめて，正しい解答を導き出すことができます。
　筋道を立てて考えて，結論を導く力（論理的な思考力）を養うことは大切なことです。論理的な思考力は，数学の問題を解くときばかりでなく，日常生活において，さまざまな事柄を解決しようとするときに役立つ力となるからです。

　この本を使って学習することで，皆さんの幾何についての理解が深まり，論理的に思考する力が高まることを願っております。

著　者

本書の使い方

この本を使用するときは，次の特徴をふまえて学習してください。

なお，この本では，高校の教科書で学習する内容や発展的な問題には，★ がついています。

1. **図形の性質や定理・公式をしっかり理解しましょう。**

    まず，節や項のはじめにある図形の性質や定理・公式のまとめを，理解できるまで，しっかり読んでください。

    まとめを読んだら，例 を通して，その具体的な使い方を確認し，問 を解いて理解を深めましょう。

2. **例題・演習問題を解いてみましょう。**

    例題 は，その節や項で学習する内容の典型的な問題を精選してあります。解説 で解法の要点を説明し，解答 で模範的な解答をていねいに示してあります。

    演習問題 は，例題で学習した内容を確実に身につけるための問題です。例題の解き方を参考にして，じっくり取り組んでみてください。

3. **章末問題・総合問題を解いて，実力をつけましょう。**

    章末問題 は，その章で学習した内容の総まとめの問題です。

    総合問題 （4章）は，1章から3章までの内容をふまえた総合的な問題です。

    学習した内容がしっかり身についているかどうかの確認や，復習に役立ててください。

4. **コラムを読んでみましょう。**

    コラム では，高校で学習する内容ではありますが，みなさんに知っておいてほしい定理や公式を紹介しています。中学の学習にも関わる内容ですので，ぜひ読んでみてください。

5. **・・・解答編・・・ 別冊の解答編を上手に利用しましょう。**

    解答編 では，まず 答 を示し，続いて 解説 として，考え方や略解が示してあります。問題の解き方がわからないときや，答えが合わないときは，解説を参考にして，もう1度解いてみてください。

    別解 は，解答とは異なる解き方です。さまざまな解法を知ることで，理解が深まり，より柔軟な考え方を養うことができます。

目次

1章　図形の計量と作図 ･･････････････････････1
- 1　平面図形 ･･････････････････････････････1
  - 1　平面図形の面積と周の長さ ････････････1
    - ● 三角形 ･････････････････････1
    - ● 四角形 ･････････････････････1
    - ● 円・おうぎ形 ･･･････････････2
  - 2　角の大きさ ･････････････････････････6
    - ● 平行線と角 ･････････････････6
    - ● 多角形と角 ･････････････････7
- 2　空間図形 ･････････････････････････････11
  - 1　空間図形の表面積と体積 ･････････････11
    - ● 立方体・直方体・角柱・円柱 ････11
    - ● 角すい・円すい ･･･････････12
    - ● 球 ･･･････････････････････12
  - 2　立体の表し方 ･････････････････････13
    - ● 展開図 ･･･････････････････13
    - ● 投影図 ･･･････････････････13
  - 3　多面体の切り口 ･･･････････････････14
- 3　作図 ････････････････････････････････18
  - ● 基本の作図 ･･･････････････18
  - ● 円の作図 ･････････････････20
- 章末問題 ･････････････････････････････････22

2章　合同・相似・等積 ……………………………………… 24

1 図形の合同と四角形の性質 ………………………… 24
- 1 図形の合同 ……………………………………… 24
- 2 いろいろな四角形 ……………………………… 27
  - 平行四辺形 ………………………………… 27
  - 長方形・ひし形・正方形 ………………… 28

2 図形の相似と平行線 ……………………………… 30
- 1 図形の相似 ……………………………………… 30
- 2 平行線と線分の比 ……………………………… 33
  - 平行線と線分の比 ………………………… 33
  - ★三角形の内角・外角の二等分線 ……… 41

3 面積の比 …………………………………………… 43
- 等積 …………………………………………… 43
- 2つの三角形の面積の比 …………………… 44
- 相似な図形の面積の比 ……………………… 49

章末問題 ……………………………………………… 51

3章　円の性質と三平方の定理 ………………………… 53

1 円の性質 …………………………………………… 53
- 円の性質 ……………………………………… 53
- 相似の利用 …………………………………… 66

2 三平方の定理 ……………………………………… 69
- 1 三平方の定理（ピタゴラスの定理） …………… 69
- 2 平面図形への応用 ……………………………… 72
- 3 空間図形への応用 ……………………………… 78

4章　総合問題 ・・・・・・・・・・・・・・・・・・・・・・・87
　1　平面図形の総合問題 ・・・・・・・・・・・・・・・・・87
　2　空間図形の総合問題 ・・・・・・・・・・・・・・・・・89

［コラム］　正多面体は何種類あるか？ ・・・・・・・・・・・・・・・・・・・・・・・17
　　　　　知っておきたい定理（メネラウスの定理） ・・・・・・・・38
　　　　　知っておきたい定理（チェバの定理） ・・・・・・・・・・・・48
　　　　　知っておきたい定理（接弦定理） ・・・・・・・・・・・・・・・・65

索引 ・・92
別冊　解答編

1章 図形の計量と作図

1　平面図形

1　平面図形の面積と周の長さ

平面図形の面積や周の長さを求めるために必要な公式を整理しておく。
ただし，三平方の定理を用いる問題は 3 章（→ p.69）で扱う。

● **三角形**

底辺の長さが a，高さが h の三角形の面積 S は，

$$S = \frac{1}{2}ah$$

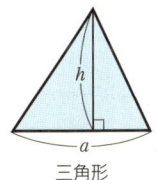
三角形

● **四角形**

(1) 1 辺の長さが a の正方形の面積 S と周の長さ ℓ は，

$$S = a^2$$
$$\ell = 4a$$

(2) 縦の長さが a，横の長さが b の長方形の面積 S と周の長さ ℓ は，

$$S = ab$$
$$\ell = 2(a+b)$$

(3) 底辺の長さが a，高さが h の平行四辺形の面積 S は，

$$S = ah$$

(4) 上底の長さが a，下底の長さが b，高さが h の台形の面積 S は，

$$S = \frac{1}{2}(a+b)h$$

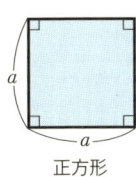　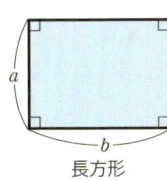　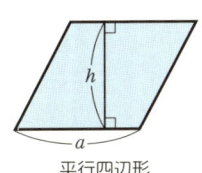　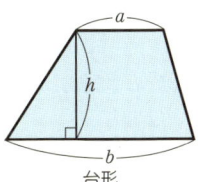

正方形　　　長方形　　　平行四辺形　　　台形

● 円・おうぎ形

(1) 半径 r の円の面積 S と周の長さ ℓ は，
$$S=\pi r^2 \qquad \ell=2\pi r$$

(2) 半径 r，中心角が $a°$ のおうぎ形の面積 S と弧の長さ ℓ は，
$$S=\pi r^2 \times \frac{a}{360} \qquad \ell=2\pi r \times \frac{a}{360}$$
$$S=\frac{1}{2}\ell r$$

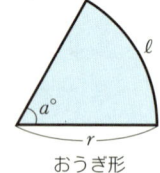
おうぎ形

例 右の図の正方形と四分円からなる影の部分の周の長さと面積を求めてみよう。

（周の長さ）　AB＋AD＋（四分円の弧）
$$=5+5+\frac{1}{4}\times 2\pi \times 5=10+\frac{5}{2}\pi \,(\text{cm})$$

（面積）　（正方形 ABCD）－（四分円）
$$=5^2-\frac{1}{4}\times \pi \times 5^2=25-\frac{25}{4}\pi \,(\text{cm}^2)$$

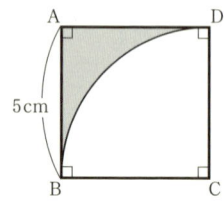

問1 次の図で，影の部分の周の長さと面積を求めよ。

(1)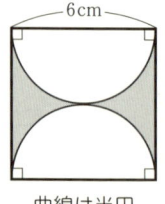

曲線は半円

(2)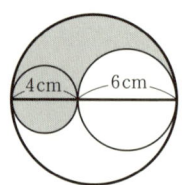

曲線は円

問2 右の図のようなおうぎ形について，次の問いに答えよ。

(1) $r=10$cm，$a=72$ のとき，おうぎ形の面積を求めよ。
(2) $r=9$cm，$\ell=6\pi$cm のとき，a の値を求めよ。
(3) $a=150$，$\ell=10\pi$cm のとき，おうぎ形の面積を求めよ。
(4) $r=6$cm，おうぎ形の周の長さが 18cm のとき，おうぎ形の面積を求めよ。

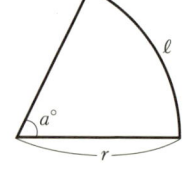

例題1　面積と周の長さ

右の図で，影の部分の周の長さと面積を求めよ。
ただし，曲線は半円と四分円である。

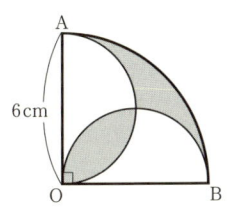

解説　影の部分の周は，2つの半円の弧と1つの四分円の弧からできている。
　　　　また，求める面積は，おうぎ形OABの面積から直角二等辺三角形AOBの面積をひいたものである。

解答　周の長さは，$\frac{1}{2} \times 2\pi \times 3 \times 2 + \frac{1}{4} \times 2\pi \times 6 = 9\pi$

点AとBを結ぶと，右の図のように㋐と㋑の面積は等しい。

ゆえに，求める面積は，$\frac{1}{4} \times \pi \times 6^2 - \frac{1}{2} \times 6^2 = 9\pi - 18$

（答）　周の長さ 9π cm，面積 $(9\pi - 18)$ cm²

演習問題

1　次の図で，影の部分の周の長さと面積を求めよ。ただし，曲線はすべて円の弧であり，(1)は円，四分円と正方形，(2)は半円と正三角形でつくられている。

(1)　　　　　　　　　　　　　　(2)

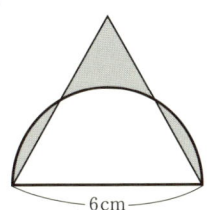

2　右の図のように，1辺の長さが 6 cm の正方形 ABCD があり，辺 CD を直径とする半円周上の中点を M とするとき，影の部分の面積を求めよ。

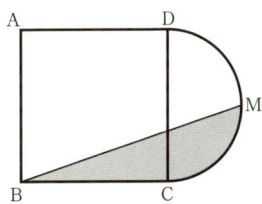

3 右の図のように，OA=5cm，AB=4cm，BO=7cm の △OAB を，頂点 O を中心に反時計回りに 60°回転させた △OCD がある。
このとき，辺 AB が動いてできた影の部分の面積を求めよ。

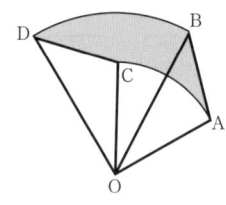

4 右の図のように，長さ 8cm の線分 AB を直径とする半円 O がある。$\overset{\frown}{AB}$ 上に点 C をとり，弦 BC を折り目として折り曲げたところ，$\overset{\frown}{BC}$ が中心 O を通った。
(1) $\overset{\frown}{OC}$ の長さを求めよ。　　(2) 影の部分の面積を求めよ。

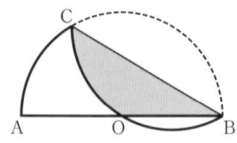

5 右の図のように，長さ 8cm の線分 AB を直径とする半円に，1 辺の長さが 5cm の正方形 ACDE が重なっている。
㋐の面積と㋑の面積では，どちらが大きいか。

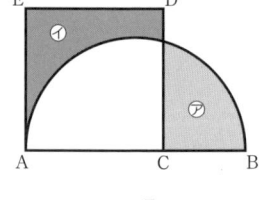

6 右の図のように，1 辺の長さが 2cm の正方形 ABCD の辺 AD 上に点 E をとり，線分 BE と B を中心とする半径 2cm の円の $\overset{\frown}{AC}$ との交点を F とする。
㋐と㋑の面積が等しくなるとき，線分 AE の長さを求めよ。

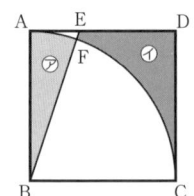

例題2　図形の移動

右の図のように，半径 1cm の円 O が，AB=7cm，BC=8cm，CA=5cm の △ABC の辺に接しながら △ABC のまわりを 1 周してもとの位置にもどるとき，円 O が通過した部分の面積を求めよ。

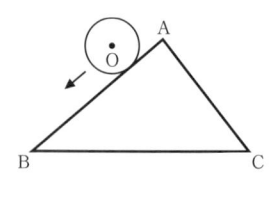

解説　円 O が通過する部分は，△ABC の外側で，三角形の辺から 2cm 以内の部分である。三角形の頂点では，おうぎ形になることに注意する。

|解答| 円 O が通過する部分は，右の図のように △ABC
の外側にあって，三角形の辺から 2cm 以内の部
分の 3 つの長方形と半径が 2cm の 3 つのおうぎ
形である。
3 つのおうぎ形の中心角の和は，
$$360° \times 3 - (90° \times 6) - 180° = 360°$$
ゆえに，求める面積は，
$$(7+8+5) \times 2 + \pi \times 2^2 = 40 + 4\pi$$

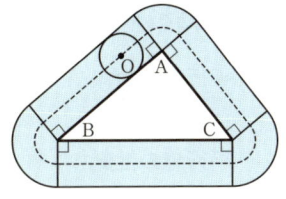

（答） $(40+4\pi)\,\text{cm}^2$

演習問題

7 右の図のように，OA＝5cm，∠AOB＝60° のお
うぎ形 OAB の $\overparen{\text{AB}}$ 上に点 C がある。おうぎ形 OAB の
外側を半径 2.5cm の円 P がおうぎ形に接しながら転が
り，C→A→O→B→C と動いていく。
このとき，円 P が通過した部分の面積を求めよ。

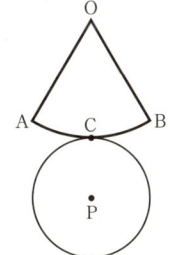

8 図 1 のような OA＝6cm，∠AOB＝60° のおうぎ形がある。このおう
ぎ形を，図 2 のように辺 OA が直線 ℓ に重なるように置き，さらにおうぎ形
を，直線 ℓ 上をすべることなく，辺 OB が直線 ℓ に重なるまで回転させる。

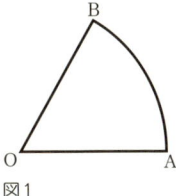
図1

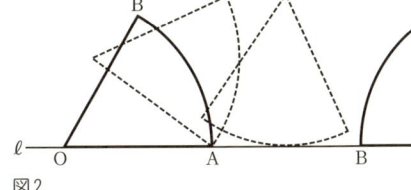
図2

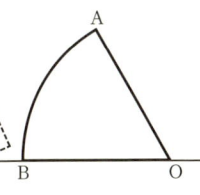

(1) 頂点 O が動いてできる曲線の長さを求めよ。
(2) 頂点 O が動いてできる曲線と直線 ℓ で囲まれた部分の面積を求めよ。

2　角の大きさ

● 平行線と角

平行線と角について，次のことが成り立つ。

(1) **平行線の性質**

2つの平行線 l, m に1つの直線 n が交わるとき，

① **同位角**は等しい。

右の図で，$\angle a = \angle e$, $\angle b = \angle f$, $\angle c = \angle g$, $\angle d = \angle h$

② **錯角**は等しい。

右の図で，$\angle c = \angle e$, $\angle d = \angle f$

③ **同側内角**の和は180°に等しい。

右の図で，$\angle c + \angle f = 180°$, $\angle d + \angle e = 180°$

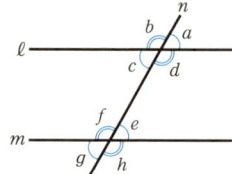

(2) **平行線になるための条件**

2つの直線 l, m に1つの直線が交わるとき，

① 同位角が等しいならば，$l \mathbin{/\mkern-3mu/} m$ である。

② 錯角が等しいならば，$l \mathbin{/\mkern-3mu/} m$ である。

③ 同側内角の和が180°ならば，$l \mathbin{/\mkern-3mu/} m$ である。

問3 右の図で，$l \mathbin{/\mkern-3mu/} m$ のとき，x, y の値を求めよ。

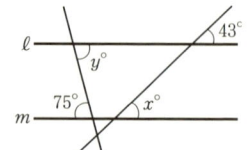

例題3　　平行線と角

右の図で，$AB \mathbin{/\mkern-3mu/} CD$ のとき，x の値を求めよ。

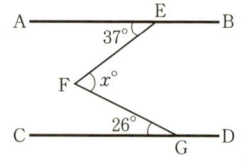

[解説]　点 F を通り，直線 AB に平行な直線をひき，平行線の性質を利用する。

[解答]　点 F を通り，直線 AB に平行な直線 FH をひく。

$AB \mathbin{/\mkern-3mu/} FH$ より，錯角は等しいから，

$\qquad \angle EFH = \angle AEF = 37°$

$AB \mathbin{/\mkern-3mu/} CD$, $AB \mathbin{/\mkern-3mu/} FH$ より，$FH \mathbin{/\mkern-3mu/} CD$

よって，錯角は等しいから，

$\qquad \angle HFG = \angle FGC = 26°$

ゆえに，$x = 37 + 26 = 63$

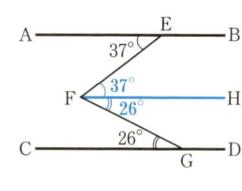

（答）　$x = 63$

演習問題

9 次の図で，AB ∥ CD のとき，x の値を求めよ。

(1) 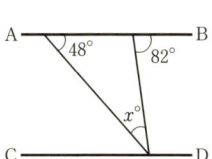　(2) 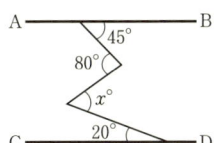　(3)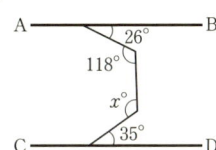

● 多角形と角

多角形と角について，次のことが成り立つ。

(1) **三角形の内角**

三角形の 3 つの内角の和は，**180°** である。

右の図で，DE ∥ BC とすると，錯角が等しいから，
$$\angle A + \angle B + \angle C = \angle BAC + \angle DAB + \angle EAC$$
$$= 180°$$

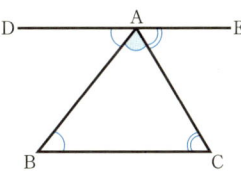

(2) **三角形の外角**

三角形の外角は，その**内対角**の和に等しい。

右の図で，∠ACD = ∠A + ∠B である。

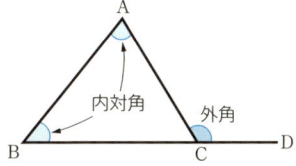

例題4　三角形の内角と外角

右の図で，x を a, b, c を用いて表せ。

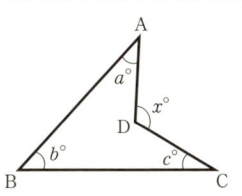

|解説| 半直線 BD をひき，△ABD と △BCD の外角を考える。

|解答| 右の図のように，半直線 BD 上に点 E をとる。 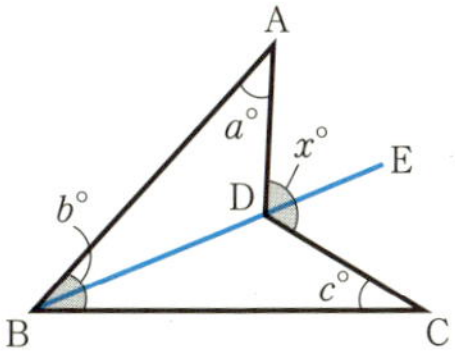
△ABD において，
$$\angle ADE = \angle BAD + \angle ABD = a° + \angle ABD$$
△BCD において，
$$\angle CDE = \angle CBD + \angle BCD = \angle CBD + c°$$
ゆえに，$x° = \angle ADC = \angle ADE + \angle CDE$
$$= a° + \angle ABD + \angle CBD + c° = a° + \angle ABC + c°$$
$$= a° + b° + c°$$

（答）$x = a + b + c$

演習問題

10 次の図で，xの値を求めよ。

(1)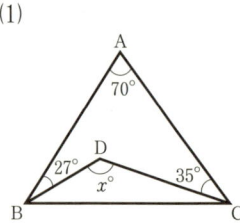
(2)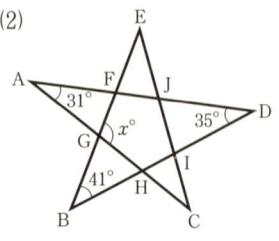
(3)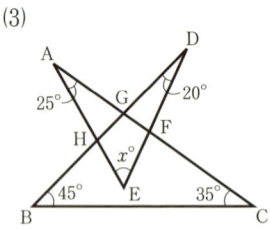

11 右の図形 ABCD で，∠A と∠C の二等分線の交点を E とするとき，x の値を求めよ。

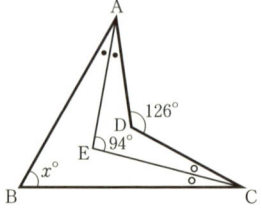

12 次の図で，$\ell \mathbin{/\mkern-5mu/} m$ のとき，x の値を求めよ。

(1)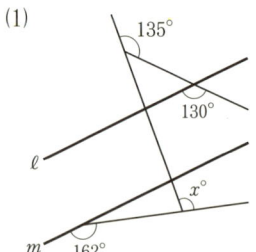
(2)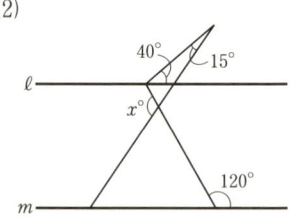

(3) **多角形の内角の和**

n 角形は $(n-2)$ 個の三角形に分けられるから，n 角形の内角の和は，$180° \times (n-2)$ である。

(4) **多角形の外角の和**

多角形の外角の和は，$360°$ である。

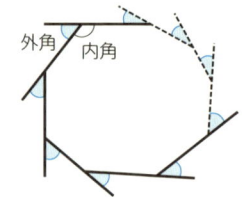

注意 いくつかの線分で囲まれた平面図形の中には，右の図のように，へこんだ部分のある図形がある。この本では，多角形というときには，このような図形は考えない。

例題5　多角形の内角の和①

右の図のように，正五角形 ABCDE の頂点 A が半直線 OX 上にあり，頂点 C, D が半直線 OY 上にあるとき，x の値を求めよ。

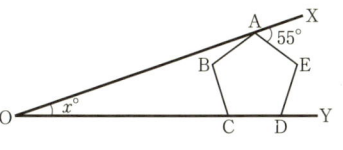

[解説]　五角形の内角の和は $180° \times (5-2) = 540°$ であるから，正五角形の1つの内角は $540° \div 5 = 108°$ である。

[解答]　正五角形の1つの内角は $108°$ であるから，
$$\angle OAB = 180° - (108° + 55°)$$
$$= 17°$$
$$\angle OCB = 180° - 108°$$
$$= 72°$$
よって，右の図のようになる。
$$x + 17 + 72 = 108$$
$$x = 19$$

（答）　$x = 19$

演習問題

13　次の図で，$\ell /\!/ m$ のとき，x の値を求めよ。ただし，多角形は正多角形である。

(1)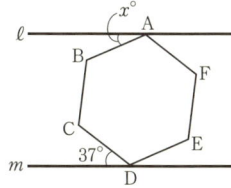

(2)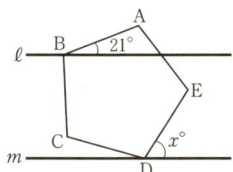

14　次の図で，x の値を求めよ。

(1)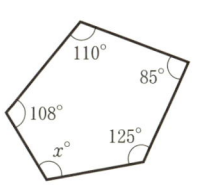

(2)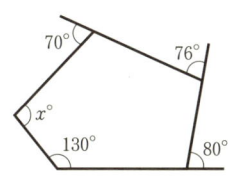

(3)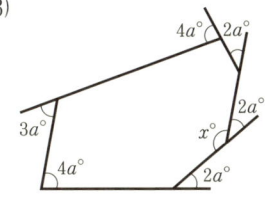

15 右の図の正九角形で，x の値を求めよ。

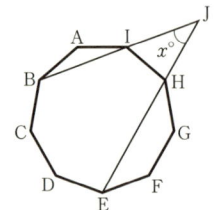

例題6 多角形の内角の和②

右の図で，印のついた ∠A，∠B，∠C，∠D，∠E，∠F，∠G，∠H の和を求めよ。

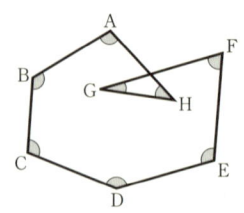

|解説| 多角形の内角の和を利用できるように，点 A と F を結ぶ。

|解答| 点 A と F を結び，線分 AH と FG との交点を I とする。

△IGH と △IAF で，対頂角は等しいから，

$$\angle \text{GIH} = \angle \text{AIF}$$

よって，∠G＋∠H＝∠IAF＋∠IFA

ゆえに，求める角の和は，

六角形 ABCDEF の内角の和に等しいから，

$$180° \times (6-2) = 720°$$

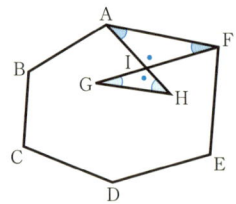

(答) 720°

演習問題

16 次の図で，印のついた角の和を求めよ。

(1) 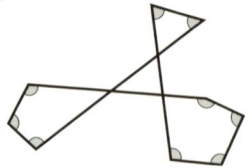　　(2)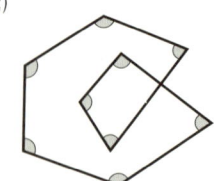

2 空間図形

1 空間図形の表面積と体積

立体のすべての面の面積の和を**表面積**といい，側面だけの面積の和を**側面積**という。また，立体の1つの底面の面積を**底面積**という。

ここでは，空間図形の表面積や体積を求めるための公式を整理しておく。

● **立方体・直方体・角柱・円柱**

(1) 1辺の長さが a の立方体の表面積 S と体積 V は，
$$S = 6a^2$$
$$V = a^3$$

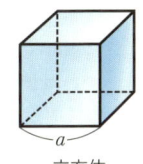
立方体

(2) 縦，横，高さがそれぞれ a, b, c の直方体の表面積 S と体積 V は，
$$S = 2(ab + bc + ca)$$
$$V = abc$$

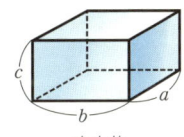
直方体

(3) 底面の周の長さが ℓ, 高さが h の角柱の側面積，表面積 S, 体積 V は，
$$(側面積) = \ell h$$
$$S = (底面積) \times 2 + \ell h$$
$$V = (底面積) \times h$$

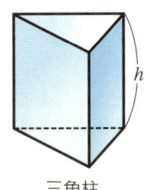
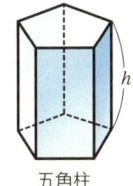
三角柱　　五角柱

(4) 底面の半径が r, 高さが h の円柱の側面積，表面積 S, 体積 V は，
$$(側面積) = 2\pi r h$$
$$S = 2\pi r^2 + 2\pi r h$$
$$V = \pi r^2 h$$

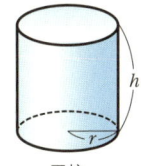
円柱

角すい・円すい

(1) 高さが h の角すいの表面積 S と体積 V は，
$$S=(底面積)+(側面積)$$
$$V=\frac{1}{3}\times(底面積)\times h$$

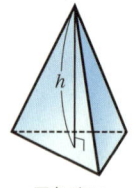
三角すい
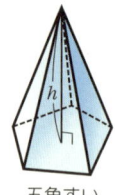
五角すい

(2) 底面の半径が r，高さが h，母線の長さが ℓ の円すいの側面積，表面積 S，体積 V は，
$$(側面積)=\pi r\ell$$
$$S=\pi r^2+\pi r\ell$$
$$V=\frac{1}{3}\pi r^2 h$$

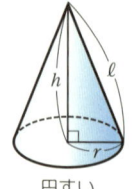
円すい

球

半径が r の球の表面積 S と体積 V は，
$$S=4\pi r^2$$
$$V=\frac{4}{3}\pi r^3$$

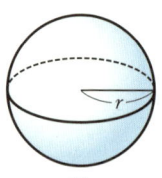
球

問4 次の図を，直線 ℓ を軸として1回転させてできる立体の体積および表面積を求めよ。ただし，(3)の曲線は O を中心とする半円である。

(1)
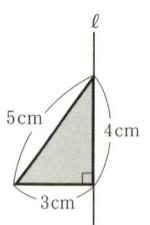

(2)
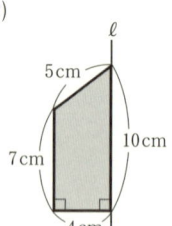

(3)
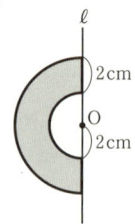

2 立体の表し方

展開図

立体の表面を切り開いて，平面上に広げた図を**展開図**という。

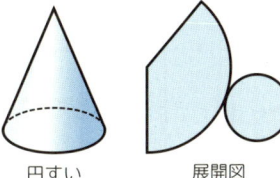

円すい　　展開図

投影図

立体を1つの方向から見て，平面に表した図を**投影図**という。

投影図は，立体を真上から見た図（**平面図**）と正面から見た図（**立面図**）を組み合わせて表す。

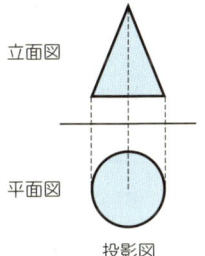

立面図

平面図

投影図

問5　右の図のような底面の半径が 6cm，母線の長さが 9cm の円すいがある。この円すいの展開図で，側面のおうぎ形の中心角の大きさを求めよ。

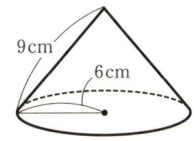

問6　次の問いに答えよ。
(1) 展開図が図1のようになる円すいの表面積を求めよ。
(2) 図2は，底面の面積が $9\pi \text{cm}^2$ の円すいの展開図である。$\angle \text{AOB} = 135°$ のとき，この円すいの母線の長さを求めよ。

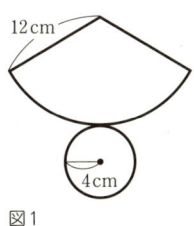

図1

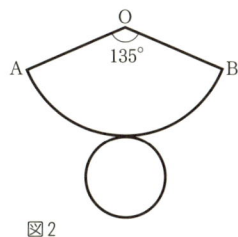

図2

問7　次の図は，立体の展開図である。この立体の体積と表面積を求めよ。

(1) 三角柱　　　　　　　　　　　(2) 円柱

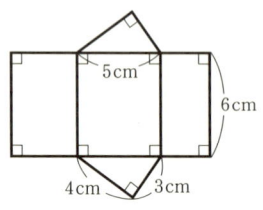
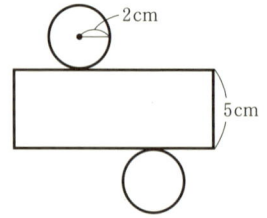

問8　次の図は，立体の投影図である。この立体の体積と表面積を求めよ。

(1) 円柱　　　　　　　　　　　　(2) 半球

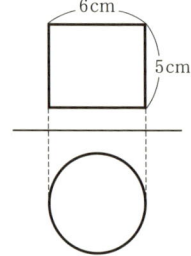
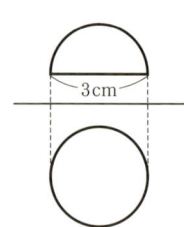

3　多面体の切り口

　平面だけで囲まれた立体を**多面体**という。たとえば，三角すいは四面体，直方体は六面体ということもできる。多面体を平面で切ったとき，切り口の図形は必ず多角形になる。

　立方体を切断すると，次のような多角形ができる。

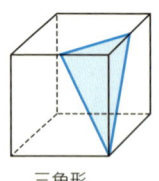
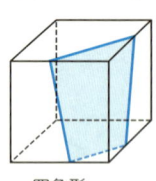
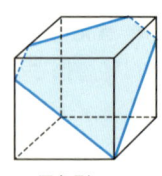
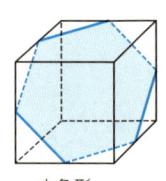

　　　三角形　　　　　　四角形　　　　　　五角形　　　　　　六角形

参考　立方体を平面で切ったとき，切る位置によって，いろいろな多角形ができる。三角形では，二等辺三角形・正三角形はできるが，直角三角形はできない。四角形では，正方形・長方形・ひし形・平行四辺形・等脚台形・台形ができる。また，正多角形のうち，正三角形・正方形・正六角形はできるが，正五角形はできない。

演習問題

17 右の立方体 ABCD-EFGH の辺 AD, DC, BF の中点をそれぞれ L, M, N とする。この立体を次の3点を通る平面で切るとき, 切り口はどのような図形になるか。

(1) A, F, H   (2) A, D, F
(3) H, L, M   (4) E, L, M
(5) C, N, E   (6) L, M, N

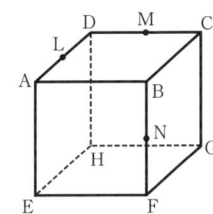

例題7　立体の体積

右の図のような立方体 ABCD-EFGH がある。
点 P は辺 AE 上にあり, AP:PE=2:1 である。
立方体 ABCD-EFGH の体積は, 三角すい P-ABD の体積の何倍か。

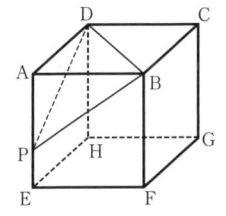

解説 立方体の1辺の長さを a とおいて, 立方体の体積と三角すいの体積を a で表す。

解答 立方体の1辺の長さを a とおくと, 立方体の体積は a^3 である。
三角すい P-ABD の底面を △ABD と考えると, 高さは,
$$AP = \frac{2}{3}a$$
よって, (三角すい P-ABD の体積) $= \frac{1}{3} \times \left(\frac{1}{2} \times a \times a\right) \times \frac{2}{3}a$
$$= \frac{1}{9}a^3$$

ゆえに, 9倍になる。　　　　　　　　　　　　　　　　　　　　(答) 9倍

演習問題

18 右の図のように, 底面の直径と高さがともに 6cm の円柱の中にちょうどはいる球がある。
(1) 球と円柱の体積の比を求めよ。
(2) 球と円柱の表面積の比を求めよ。

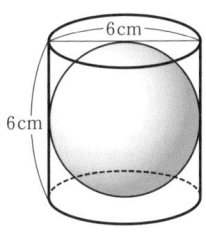

19 右の図のような1辺の長さが6cmの立方体 ABCD–EFGH がある。
(1) 立方体 ABCD–EFGH の体積は，四面体 AEFH の体積の何倍か。
(2) 四面体 ACFH の体積を求めよ。

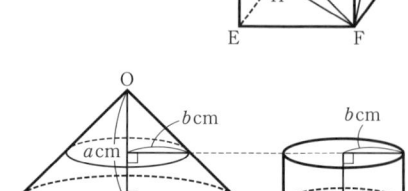

20 右の図のように，底面の半径と高さがともに a cm である頂点を O とする円すいと，底面の半径が b cm の円柱が平面上に並んでいる。円柱の高さで円すいを切断すると，切断面の円の半径は b cm になる。

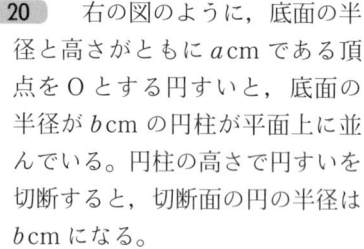

　円すいを切断してできる2つの立体のうち，頂点 O をふくむ円すいの体積と円柱の体積が等しくなるとき，a と b の比を求めよ。

21 右の図は，内部を円柱状にくりぬいた立体の投影図である。この立体の体積を求めよ。

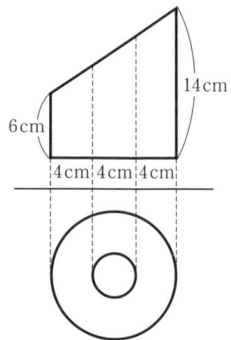

22 右の図のように，1辺の長さが8cmの正方形 ABCD を図の点線で折り曲げて，三角すいをつくる。ただし，M, N はそれぞれ辺 BC, CD の中点である。
(1) 三角すいの体積を求めよ。
(2) △AMN の面積を求めよ。
(3) △AMN を底面としたときの三角すいの高さを求めよ。

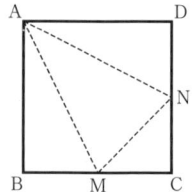

コラム 正多面体は何種類あるか？

多面体のうち合同な正多角形に囲まれ，どの頂点にも同じ数の面が集まり，へこみのないものを**正多面体**といいます。

正多面体では，1つの頂点に3つ以上の面が集まり，頂点の周りの角の和は360°未満なので，正多面体を囲む正多角形の1つの内角は $\dfrac{360°}{3}=120°$ 未満です。

よって，正多面体を囲む面は，正三角形（60°），正方形（90°），正五角形（108°）です。正多面体の頂点に集まる面の数は，正三角形では3個（角の和180°），4個（角の和240°），5個（角の和300°），正方形では3個（角の和270°），正五角形では3個（角の和324°）の5通りです。

● **オイラーの公式**

多面体について，頂点の数を a，辺の数を b，面の数を c とすると，

$$a-b+c=2 \quad (\text{オイラーの公式})$$

がつねに成り立ちます。

1つの頂点に正三角形が5個集まってできる正多面体を正 n 面体とします。三角形の頂点の数は3なので，頂点については $3\times n=3n$ と計算できます。しかし，頂点には三角形が5個集まっており，同じ頂点を5回数えていることになるので，この正 n 面体の頂点の数は $\dfrac{3n}{5}$ となります。また，三角形の辺の数は3なので，辺については $3\times n=3n$ と計算できますが，三角形が隣り合っているので，同じ辺を2回数えていることになり，この正 n 面体の辺の数は $\dfrac{3n}{2}$ となります。

オイラーの公式より，$\dfrac{3n}{5}-\dfrac{3n}{2}+n=2 \qquad \dfrac{1}{10}n=2 \qquad n=20$

したがって，1つの頂点に正三角形が5個集まってできる正多面体は，正二十面体です。同様に考えると，正多面体には，次の5種類があります。

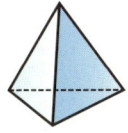 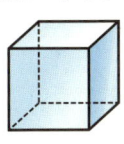 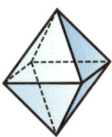 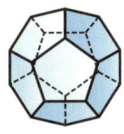 

正四面体　　正六面体　　正八面体　　正十二面体　　正二十面体

3 作図

● 基本の作図

(1) 角の二等分線

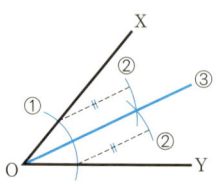

∠XOY の二等分線上の点は半直線 OX，OY から**等距離**にある。

(2) 線分の垂直二等分線

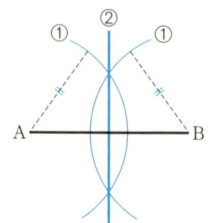

線分 AB の垂直二等分線上の点は 2 点 A，B から**等距離**にある。

(3) 直線上の点における垂線

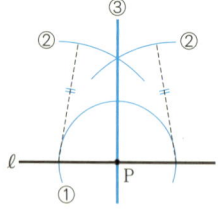

(4) 直線外の点を通る垂線

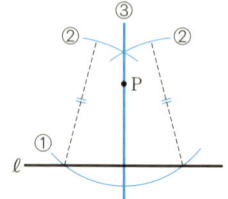

例題8 基本の作図の利用

右の図で，△ABC の辺 AB，BC，CA 上にそれぞれ点 D，E，F をとり，ひし形 ADEF を作図せよ。

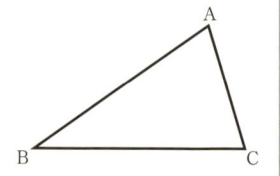

|解説| ひし形では，対角線は内角の二等分線になり，2つの対角線はたがいに他を2等分し，直交する。

|解答| ① ∠A の二等分線と辺 BC との交点を E とする。
② 線分 AE の垂直二等分線をひき，辺 AB，CA との交点をそれぞれ D，F とする。
③ 点 D と E，点 E と F を結ぶ。
四角形 ADEF が求めるひし形である。
　　　　　　　　　　　　　　（答）　右の図

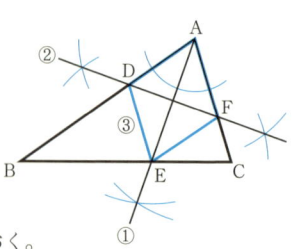

|注意| 作図問題では，作図に使った線は消さずに残しておく。

演習問題

23 右の図のように，線分 AB と直線 ℓ がある。線分 AB を対角線とし，直線 ℓ 上に頂点の1つがあるひし形を作図せよ。

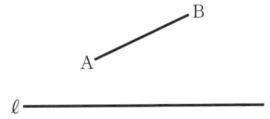

24 右の図のように，底面の直径 AB＝1cm，母線 AC＝3cm の円すいがある。この円すいを母線 AC で切り開いたときの側面の展開図を作図し，この展開図における点 B を作図せよ。

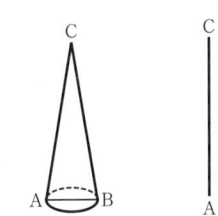

25 右の図で，∠XOY の半直線 OX，OY から等しい距離にあって，2点 A，B から等距離にある点 P を作図せよ。

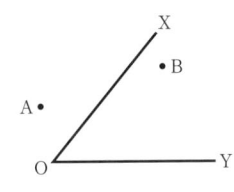

26 右の図のように，正三角形 ABC の辺 AC 上に点 D がある。辺 AB 上に点 P をとり，線分 PD を折り目として正三角形 ABC を折ったとき，頂点 A が辺 BC に重なるような点 P を作図せよ。

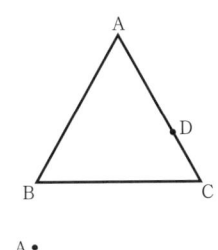

27 右の図のように，直線 ℓ と2点 A，B がある。直線 ℓ 上に点 P をとるとき，線分の長さの和 AP＋PB が最小になる点 P を作図せよ。

28 右の図のように，∠XOY と点 P がある。半直線 OX，OY 上にそれぞれ点 Q，R をとり，線分の長さの和 PQ＋QR＋RP が最小になる点 Q，R を作図せよ。

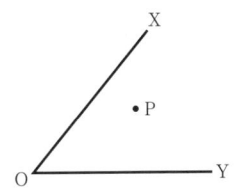

円の作図

(1) **円の接線の性質**

直線と円が接するとき，円の中心と接点を結んだ線分と接線は垂直に交わる。

右の図で，OP⊥ℓ

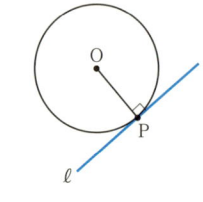

(2) **円と直角三角形**

3つの頂点が円周上にある三角形において，円の中心がその1つの辺上にあるとき，三角形は直角三角形である。

右の図で，△ABC は ∠A＝90°の直角三角形であり，円 O を △ABC の**外接円**という。

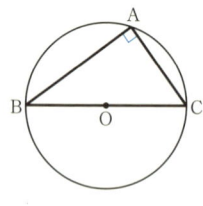

注意 円の性質については，3章（→p.53）でくわしく学習する。

例題9 円の作図

右の図で，線分 AB は直線 ℓ と平行である。点 A，B を通り，直線 ℓ に接する円を作図せよ。

解説 円の中心は，線分 AB の垂直二等分線上にある。また，円が直線 ℓ に接するとき，接点を通る円の直径と直線 ℓ は垂直である。

解答 ① 線分 AB の垂直二等分線をひき，直線 ℓ との交点を C とする。
② 線分 AC の垂直二等分線をひき，線分 AB の垂直二等分線との交点を O とする。
③ O を中心として，半径 OA の円 O をかく。この円 O が求める円である。

（答）右の図

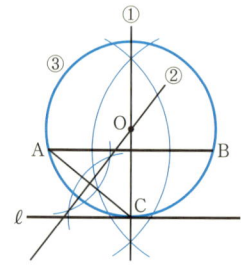

演習問題

29 右の図で，円 O の円周上の点 P を通る円 O の接線を作図せよ。

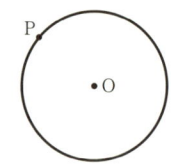

30 右の図で，円Oの外側の点Pを通る円Oの接線を1つ作図せよ。

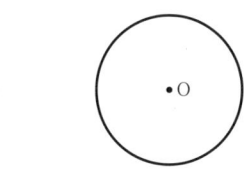

31 右の図のように，∠AOBと点Cがある。次の(i), (ii)の条件をともに満たす円を作図せよ。
 (i) 中心は，点Cを通る線分OAの垂線上にある。
 (ii) 2つの線分OA，OBの両方に接する。

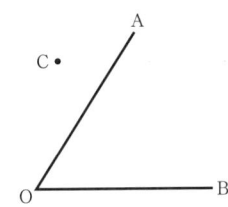

32 右の図のように，線分ABを直径とする半円Oにおいて，$\overset{\frown}{AB}$上に点Pがある。点Pにおいて$\overset{\frown}{AB}$と接し，また，線分ABとも接する円を作図せよ。

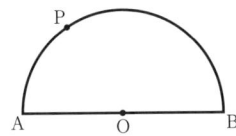

33 右の図のように，半円Oの直径AB上に点Pがある。半円Oの$\overset{\frown}{AB}$が点Pで直径に接するように折ったときの折り目を作図せよ。

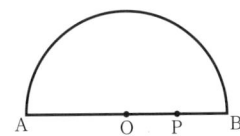

章末問題

1 右の図のように，半径 3cm の半円 O を，点 A を中心に反時計回りに 45°回転させた図形を半円 P とする。
影の部分の周の長さと面積を求めよ。

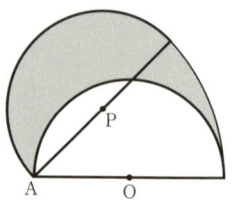

2 次の図で，⑦と④の面積が等しいとき，x の値を求めよ。ただし，(1)は四分円と長方形，(2)は半円とおうぎ形でつくられている。

(1)

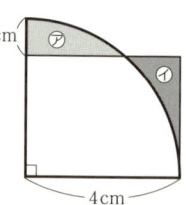

(2)

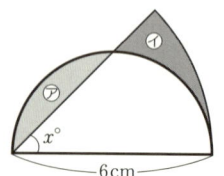

3 右の図のように，AB=6cm，AC=8cm，BC=10cm の直角三角形 ABC の外接円 O と，辺 AB，AC を直径とする円をかく。
(1) ⑦と④の面積の和を求めよ。
(2) ⑦，④，⑦の面積の和を求めよ。

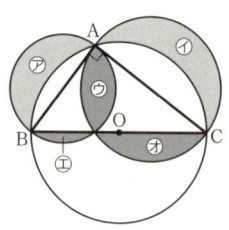

4 次の図で，x の値を求めよ。

(1)

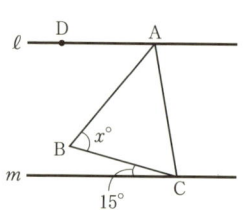

$\ell \mathbin{/\mkern-2mu/} m$，AB=AC，∠DAB=∠BAC

(2)

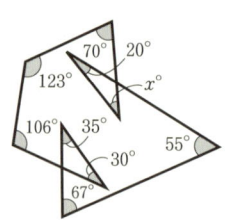

5 図1のような底面の半径が3cmの円すいがある。この円すいを図2のように平面上に置いて，すべらないように転がすと，ちょうど5回転してもとの位置にもどった。この円すいの側面積を求めよ。

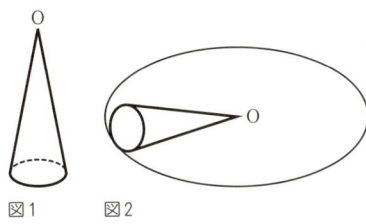

6 図1のようなAB=4cm，AD=3cmで，対角線ACの長さが5cmの長方形ABCDがある。この長方形を，図2のように辺ABが直線 ℓ に重なるように置き，さらに長方形を，直線 ℓ 上をすべることなく，辺ABがふたたび直線 ℓ に重なるまで回転させる。

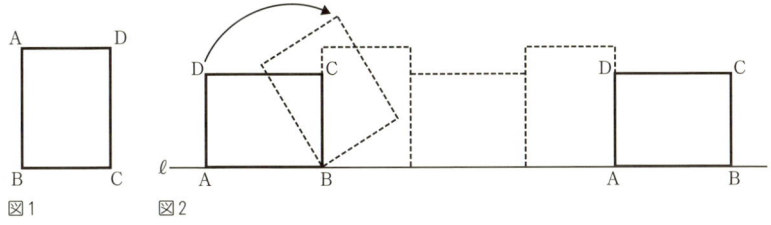

(1) 頂点Aが動いてできる曲線の長さを求めよ。
(2) 頂点Aが動いてできる曲線と直線 ℓ で囲まれた部分の面積を求めよ。

7 右の図のようなBC=CA=4cm，AD=6cm，∠ACB=90°の三角柱ABC-DEFがある。点Gは辺AD上にあり，AG=1cm，点Hは辺BE上にあり，BH=3cm，点Iは辺CF上にあり，CI=2cmである。

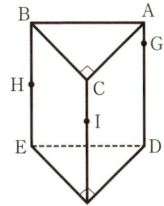

(1) 三角すいA-BEIの体積を求めよ。
(2) 四角すいI-ABEDの体積を求めよ。
(3) 三角柱を3点G，H，Iを通る平面で2つに分けるとき，頂点Dをふくむほうの立体の体積を求めよ。

8 右の図のように，∠AOBがあり，点Pは辺OB上の点である。線分OA，OBに接し，線分PBの長さを半径とする円を作図せよ。

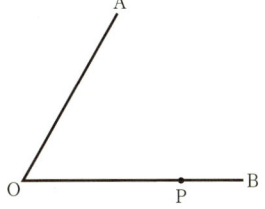

2章 合同・相似・等積

1 図形の合同と四角形の性質

1 図形の合同

2つの図形について，一方の図形を移動して他方の図形にぴったり重ね合わせることができるとき，2つの図形は**合同**であるという。合同な2つの図形で，重なり合う点を**対応する点**，重なり合う辺を**対応する辺**，重なり合う角を**対応する角**という。また，2つの図形が合同であることを，記号≡を使って表す。

たとえば，△ABC と △DEF が合同であることを，頂点を対応する順に書いて，**△ABC≡△DEF** と表す。

(1) 合同な図形の性質

合同な2つの図形では，次の性質が成り立つ。

① 対応する辺の長さが等しい。
② 対応する角の大きさが等しい。
③ 面積が等しい。

例 右の図で，△DEC は △ABC を頂点 C を中心として 45°回転したものである。
∠DFC＝94°のとき，x の値を求めてみよう。
△ABC≡△DEC より，∠ACB＝∠DCE
$$\angle DCF = \angle DCE - \angle ACE$$
$$= \angle ACB - \angle ACE = \angle ECB$$
$$= 45°$$
△DFC において，∠FDC＝180°−(45°＋94°)＝41°
∠BAC＝∠EDC であるから，$x=41$

問1 右の図において，△ADE≡△CBE で，辺 AD と CE との交点を F とするとき，影の部分の面積を求めよ。

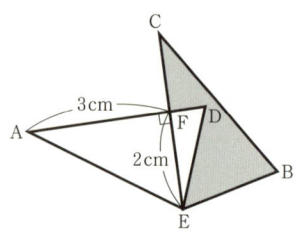

問2 右の図において，△ABC≡△DBE で，∠ABC＝70°である。DA∥BC のとき，∠EBC の大きさを求めよ。

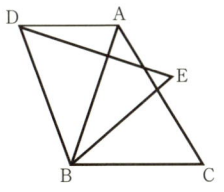

(2) 三角形の合同条件
2つの三角形は，次のいずれか1つが成り立てば合同になる。
① 3辺がそれぞれ等しい。　　　　　　　（3辺）
② 2辺とその間の角がそれぞれ等しい。　（2辺夾角）
③ 2角とその間の辺がそれぞれ等しい。　（2角夾辺）

(3) 直角三角形の合同条件
2つの直角三角形は，次のどちらか1つが成り立てば合同になる。
① 斜辺と1つの鋭角がそれぞれ等しい。　（斜辺と1鋭角）
② 斜辺と他の1辺がそれぞれ等しい。　　（斜辺と1辺）

例題1　合同の利用

右の図のように，∠C＝90°の直角三角形 ABC の頂点 C を通る直線に対して，頂点 A，B からそれぞれ垂線 AD，BE をひいたとき，DC＝CE ならば AB＝AD＋BE が成り立つことを証明せよ。

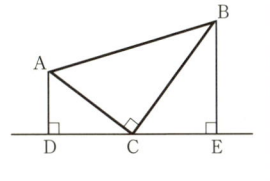

解説 辺 AC の延長と線分 BE の延長との交点を F とすると，△ABC≡△FBC となることを利用する。

証明 辺 AC の延長と線分 BE の延長との交点を F とする。
　　　△ACD と △FCE において，∠ADC＝∠FEC＝90°，
　　　∠ACD＝∠FCE（対頂角），CD＝CE（仮定）
　　　よって，2角とその間の辺がそれぞれ等しいから，
　　　　　　△ACD≡△FCE　………①
　　　ゆえに，AD＝FE であるから，
　　　　　　AD＋BE＝FE＋BE＝FB　………②
　　　△ABC と △FBC において，∠ACB＝∠FCB＝90°
　　　BC は共通で，①より，AC＝FC
　　　よって，2辺とその間の角がそれぞれ等しいから，△ABC≡△FBC
　　　ゆえに，AB＝FB
　　　したがって，②より，AB＝AD＋BE

演習問題

1 右の図の △ABC,△ADE は,ともに正三角形である。このとき,AC＝CD＋CE であることを証明せよ。

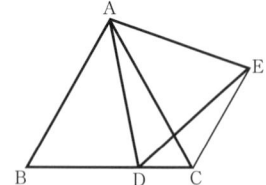

2 右の図のように,1辺の長さが6cmの2つの正方形を,一方の正方形の対角線の交点Oに他方の正方形の頂点の1つが重なるように置く。

また,正方形の頂点や2つの正方形の辺の交点をA,B,C,Dとするとき,四角形OABCの面積を求めよ。

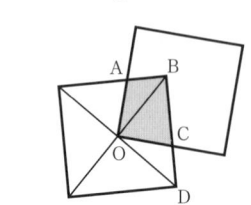

3 右の図のように,△ABC の外側に2つの正三角形 ABD,ACE をつくり,線分 BE と CD との交点を P とするとき,∠BPC＝120° であることを証明せよ。

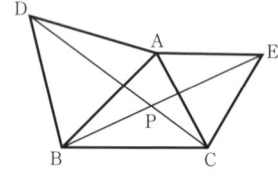

4 右の図のような,おうぎ形 OAB がある。$\stackrel{\frown}{AB}$ 上に,点 A,B と異なる点 C をとる。点 A,C から辺 OB に垂線をひき,その交点をそれぞれ D,E とする。

OA＝3cm,∠AOC＝50°,∠BOC＝20° のとき,影の部分の面積を求めよ。

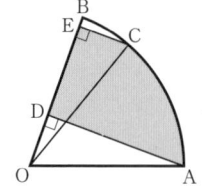

5 右の図のように,半径6cm,中心角が90°のおうぎ形 OAB があり,$\stackrel{\frown}{AB}$ を3等分する点を C,D とする。

点 C,D から辺 OA に平行な線をひき,辺 OB との交点をそれぞれ E,F とするとき,図形 CEFD の面積を求めよ。

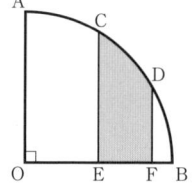

2 いろいろな四角形

いろいろな四角形の性質について,整理しておく。

● 平行四辺形

2組の対辺がそれぞれ平行な四角形を平行四辺形という。(定義)

(1) **平行四辺形の性質**
① 2組の対辺がそれぞれ等しい。
② 2組の対角がそれぞれ等しい。
③ 対角線はたがいに他を2等分する。

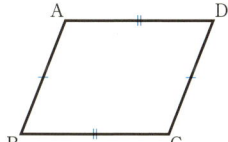 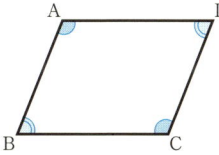 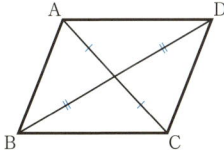

(2) **平行四辺形になるための条件**
　四角形は,次のいずれか1つが成り立てば,平行四辺形になる。
① 2組の対辺がそれぞれ平行である。(定義)
② 2組の対辺がそれぞれ等しい。
③ 2組の対角がそれぞれ等しい。
④ 対角線がたがいに他を2等分する。
⑤ 1組の対辺が平行で,その長さが等しい。

注意　平行四辺形 ABCD を,記号 □ を使って □ABCD と表す。

例　右の図の四角形 ABCD で,∠ABD＝∠CDB,
∠ACB＝∠CAD ならば,錯角が等しいから,
AB∥DC,AD∥BC である。
　　よって,四角形 ABCD は平行四辺形となる。

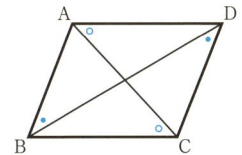

問3　右の図の四角形 ABCD で,AD∥BC である。この四角形について,ある条件を1つつけ加えると平行四辺形となる。この条件として適するものを,次の(ア)〜(ク)の中からすべて選べ。

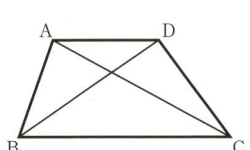

(ア)　AB＝DC　　　(イ)　AB＝AD
(ウ)　AD＝BC　　　(エ)　AC＝BD　　　(オ)　∠BAC＝∠CDB
(カ)　∠ABC＝∠CDA　(キ)　∠ABD＝∠CDB　(ク)　∠ABC＝∠DCB

● 長方形・ひし形・正方形

長方形，ひし形，正方形は，平行四辺形の特別な場合であり，平行四辺形の性質をすべてもった上に，さらに次のことが成り立つ。

(1) **長方形**

4つの角が等しい四角形を長方形という。(定義)
① 長方形は，対角線の長さが等しく，たがいに他を2等分する。
② 対角線の長さが等しく，たがいに他を2等分する四角形は長方形である。

(2) **ひし形**

4つの辺が等しい四角形をひし形という。(定義)
① ひし形は，対角線がたがいに他を垂直に2等分する。
② 対角線がたがいに他を垂直に2等分する四角形はひし形である。

(3) **正方形**

4つの角と4つの辺がそれぞれ等しい四角形を正方形という。(定義)
① 正方形は，対角線の長さが等しく，たがいに他を垂直に2等分する。
② 対角線の長さが等しく，たがいに他を垂直に2等分する四角形は正方形である。

問4 □ABCD に，次の条件をつけ加えたとき，どのような四角形になるか。最も適するものを書け。

(1) AB＝AD　　(2) AC＝BD
(3) AC⊥BD　　(4) AB⊥AD
(5) ∠ABC＝∠BCD　(6) AC＝BD，AC⊥BD

例 右の図の四角形 ABCD は平行四辺形であり，BD＝BE であるとき，x と y の値を求めてみよう。

∠BCD＝∠BAD＝112°（□ABCD の対角）より，
　　$x+112=180$　　$x=68$
∠DBE＝38°，BD＝BE より，
　　$\angle BDE = \dfrac{1}{2}(180°-38°)=71°$
AB ∥ DC より，
　　∠BDC＝∠ABD＝68°－38°＝30°
よって，$30+y=71$　　$y=41$

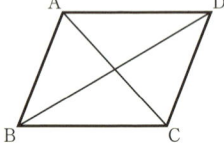

例 右の図で，四角形 ABCD は正方形，△BCE は正三角形であるとき，x と y の値を求めてみよう。 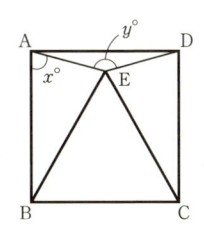
BA＝BE＝CE＝CD，∠ABE＝∠DCE＝30° であるから，△BAE と △CED は合同な二等辺三角形である。
よって，$2x+30=180$
$x=75$
$y+75+60+75=360$
$y=150$

演習問題

6 次の図で，x，y の値を求めよ。ただし，(1)で四角形 ABCD，ABEF は平行四辺形，(2)で四角形 ABCD は正方形，(3)で四角形 ABCD はひし形，△BCE は正三角形とする。

(1) (2) 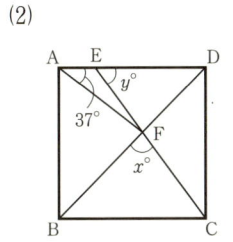 (3)

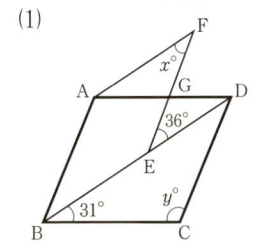

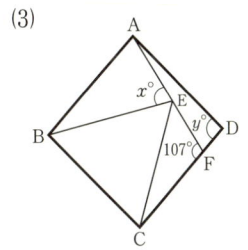

7 右の図で，▱ABCD の ∠A，∠D の二等分線と辺 BC との交点をそれぞれ E，F とする。
AB＝6.5cm，AD＝10cm のとき，線分 EF の長さを求めよ。

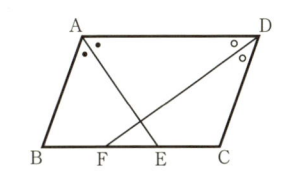

8 ★ 右の図のような ▱ABCD において，辺 BC 上に AE＝EC となるように点 E をとり，線分 AE 上に CF＝AB となるように点 F をとる。
∠BAE＝48°，∠ECF＝32° のとき，x，y の値を求めよ。

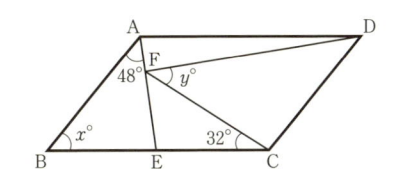

2 図形の相似と平行線

1 図形の相似

2つの図形で，一方の図形を拡大または縮小すると，もう一方の図形と合同になるとき，この2つの図形は**相似**であるといい，2つの図形が相似であることを，記号∽を使って表す。

たとえば，△ABC と △DEF が相似であるとき，**△ABC∽△DEF** と書く。

(1) **相似な図形の性質**

相似な2つの図形では，次の性質が成り立つ。

① 対応する辺の長さの比はすべて等しい。
② 対応する角の大きさはそれぞれ等しい。

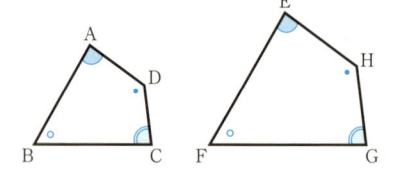

右の図で，
四角形 ABCD∽四角形 EFGH のとき，
　　　AB：EF＝BC：FG＝CD：GH＝DA：HE
　　　∠A＝∠E，∠B＝∠F，∠C＝∠G，∠D＝∠H

例 右の図で，△ABC∽△DEF のとき，x，y の値を求めてみよう。 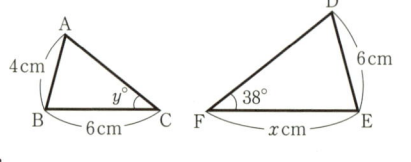
　　　△ABC と △DEF の相似比は，
　　　　　AB：DE＝4：6＝2：3
　　　対応する辺の長さの比が等しいから，
　　　　　BC：EF＝AB：DE　　6：x＝2：3　　$2x$＝18
　　　ゆえに，x＝9
　　　対応する角の大きさは等しいから，∠C＝∠F
　　　ゆえに，y＝38

(2) **三角形の相似条件**

2つの三角形は，次のいずれか1つが成り立てば相似になる。

① 対応する2組の角がそれぞれ等しい。　**（2角）**
② 対応する2組の辺の比が等しく，その間の角が等しい。
　　　　　　　　　　　　　　（2辺の比とはさむ角）
③ 対応する3組の辺の比が等しい。　**（3辺の比）**

例 右の図で，∠ABC＝∠ACD のとき，x の値を求めてみよう。

∠BAC＝∠CAD（共通）より，△ABC と △ACD は，対応する２組の角がそれぞれ等しいから，

△ABC∽△ACD

よって，AB：AC＝AC：AD

$(x+3):6=6:3$ $3(x+3)=36$

ゆえに，$x=9$

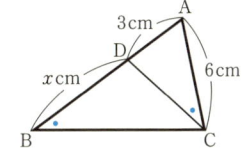

問5 次の図で，x の値を求めよ。

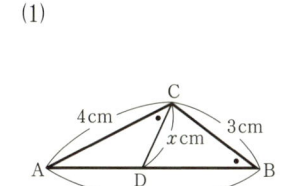

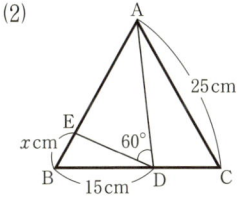

(1) ∠ABC＝∠ACD

(2) △ABCは正三角形

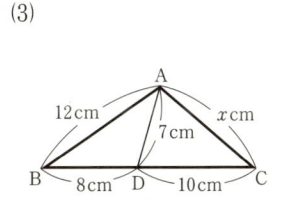

(3)

例題2　相似の利用

１辺の長さが 30cm の正三角形 ABC がある。右の図のように，正三角形 ABC を辺 AB 上の点 D と辺 AC 上の点 E を結ぶ線分で折り曲げたところ，頂点 A が辺 BC 上の点 F と重なった。BF＝6cm，DB＝16cm のとき，線分 EF の長さを求めよ。

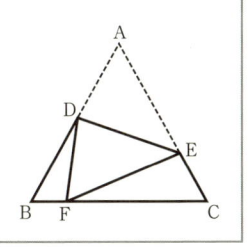

解説　EF＝EA＝$x$cm とすると，EC＝30－x となる。
△BFD と △CEF が相似になることを利用する。

解答　△BFD において，DB＝16 より，FD＝AD＝30－16＝14
△CEF において，EF＝EA＝$x$cm とすると，CE＝30－x
BF＝6 より，FC＝30－6＝24
△BFD と △CEF において，∠DBF＝∠FCE＝60°　………①
また，　∠BDF＝120°－∠DFB
　　∠CFE＝180°－(∠DFB＋60°)＝120°－∠DFB
よって，∠BDF＝∠CFE　………②
①，②より，対応する２組の角がそれぞれ等しいから，
△BFD∽△CEF
よって，DB：FC＝DF：FE　　$16:24=14:x$　　$16x=24×14$
$x=21$　　　　　　　　　　　　　　　　　　（答）　21cm

演習問題

9 右の図の ∠A=90° の直角三角形 ABC で，頂点 A から斜辺 BC に垂線 AD をひく。
AB=8cm，BC=10cm，CA=6cm とするとき，線分 AD，BD の長さを求めよ。

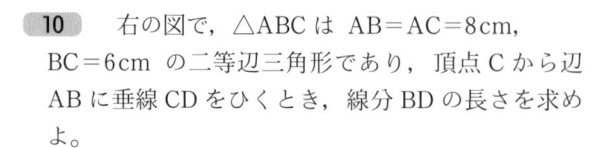

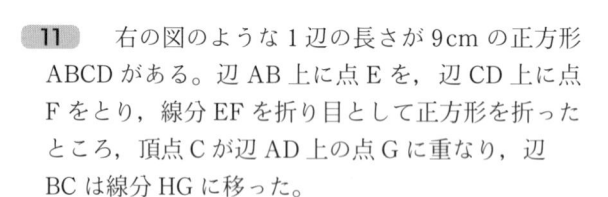

10 右の図で，△ABC は AB=AC=8cm，BC=6cm の二等辺三角形であり，頂点 C から辺 AB に垂線 CD をひくとき，線分 BD の長さを求めよ。

11 右の図のような1辺の長さが9cm の正方形 ABCD がある。辺 AB 上に点 E を，辺 CD 上に点 F をとり，線分 EF を折り目として正方形を折ったところ，頂点 C が辺 AD 上の点 G に重なり，辺 BC は線分 HG に移った。
線分 AE と HG との交点を I とし，DF=4cm，DG=3cm のとき，次の問いに答えよ。
(1) 線分 AI の長さを求めよ。
(2) 線分 EH の長さを求めよ。

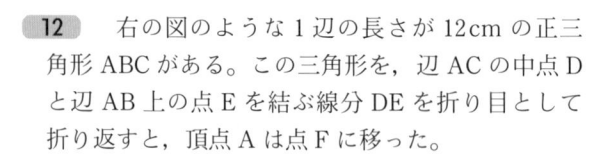

12 右の図のような1辺の長さが12cm の正三角形 ABC がある。この三角形を，辺 AC の中点 D と辺 AB 上の点 E を結ぶ線分 DE を折り目として折り返すと，頂点 A は点 F に移った。
辺 BC と EF，DF との交点をそれぞれ G，H とすると，FG=2cm，FH=$\frac{3}{4}$cm になった。
(1) 線分 CH の長さを求めよ。
(2) 線分 BG の長さを求めよ。

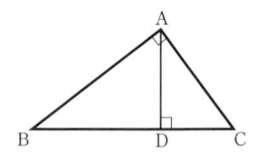

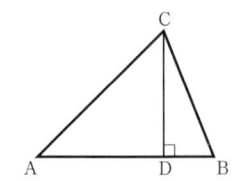

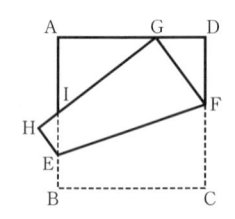

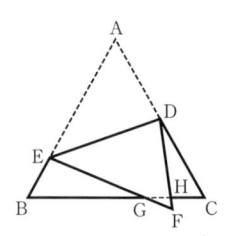

2 平行線と線分の比

● 平行線と線分の比
相似の性質を使って導くことができる，平行線と線分の比について考える。

(1) 三角形と線分の比

次の図で，DE∥BC のとき，∠ABC＝∠ADE，∠BAC＝∠DAE より，
△ABC∽△ADE であるから，

$$AB : AD = AC : AE = BC : DE \qquad AD : DB = AE : EC$$

が成り立つ。

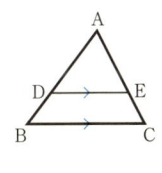

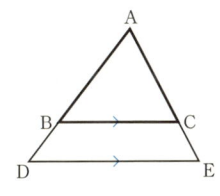

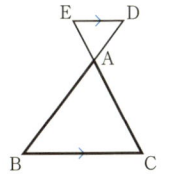

参考 逆に，AB：AD＝AC：AE または AD：DB＝AE：EC のとき，DE∥BC となる。しかし，AB：AD＝BC：DE のときは，DE∥BC であるとは限らない。

(2) 中点連結定理

右の図で，D，E がそれぞれ辺 AB，AC の中点のとき，

$$\text{DE} \parallel \text{BC} \qquad \text{DE} = \frac{1}{2}\text{BC}$$

が成り立つ。

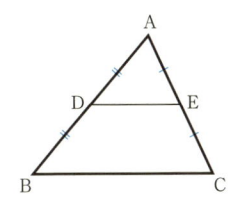

参考 逆に，AD＝DB，DE∥BC ならば AE＝EC，$DE = \frac{1}{2}BC$ となる。

しかし，AD＝DB，$DE = \frac{1}{2}BC$ であっても，DE∥BC（E が辺 AC の中点）であるとは限らない。

例 右の図で，DE∥BC のとき，x，y の値を求めてみよう。

DE∥BC より，AB：AD＝BC：DE

$$5 : 3 = 6 : x \qquad x = \frac{18}{5}$$

また， AB：DB＝AC：EC $\quad 5 : 2 = 4 : y \qquad y = \frac{8}{5}$

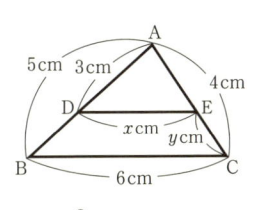

問6 次の図で，DE // BC のとき，x，y の値を求めよ。

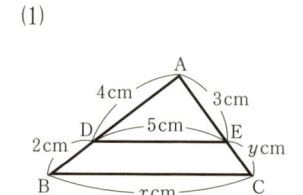

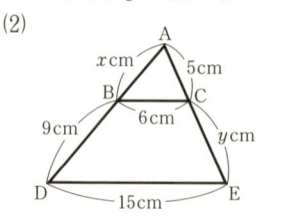

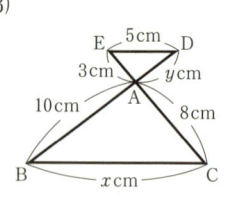

(1) (2) (3)

問7 右の図の △ABC で，D，F は辺 AB 上，E は辺 AC 上の点である。AD＝6cm，DB＝3cm，BC // DE，DC // FE のとき，線分 AF の長さを求めよ。

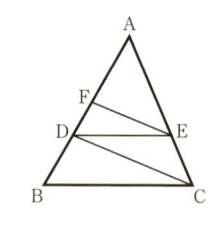

問8 右の図の △ABC で，D，E は辺 BC の3等分点，F は辺 AB の中点である。FD＝12cm のとき，線分 AG の長さを求めよ。

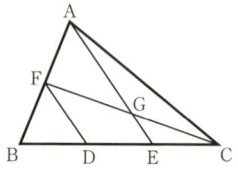

例題3　三角形と線分の比

右の図の △ABC で，BD：DC＝1：2，AE：EC＝3：1，線分 BE と AD との交点を P とするとき，BP：PE を求めよ。

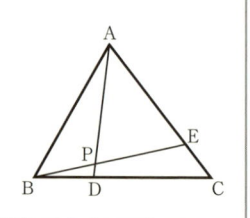

[解説] 点 E を通り，線分 AD に平行な直線をひく。

[解答] 点 E を通り，線分 AD に平行な直線をひき，辺 BC との交点を F とする。

BD：DC＝1：2 より，BD＝$\frac{1}{2}$DC

AD // EF より，

　　　DF：DC＝AE：AC＝3：4　　　DF＝$\frac{3}{4}$DC

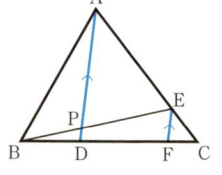

よって，BD：DF＝$\frac{1}{2}$DC：$\frac{3}{4}$DC＝2：3

PD // EF より，

　　　BP：PE＝BD：DF＝2：3

（答）2：3

演習問題

13 右の図の △ABC で，BD：DC＝2：3，AE：ED＝5：3 とする。直線 BE と辺 AC との交点を F とし，点 D を通り，線分 BF に平行な直線をひき，辺 AC との交点を G とするとき，AF：FC を求めよ。

14 右の図の △ABC で，AD＝DC，AE∥DF である。BF：FC＝5：3 のとき，BE：ED を求めよ。

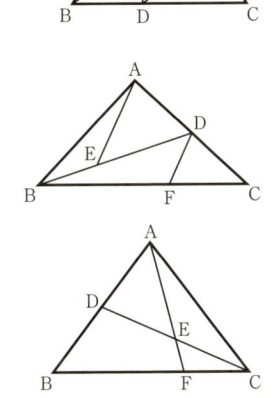

15 右の図のように，△ABC の辺 AB の中点を D，線分 CD の中点を E とし，線分 AE の延長と辺 BC との交点を F とするとき，次の比を求めよ。
(1) BF：FC
(2) AE：EF

(3) 平行線と線分の比

右の図のように，平行線 a, b, c, d と 2 つの直線 ℓ, m とが交わっているとき，
$$AB：A'B'＝BC：B'C'＝CD：C'D'$$
$$＝AC：A'C'＝BD：B'D'$$
$$＝AD：A'D'$$

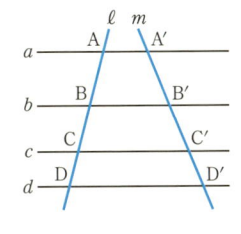

例 右の図で，$a\parallel b\parallel c\parallel d$ のとき，x と y の値を求めてみよう。
$a\parallel b\parallel c$ より，$6：9＝x：6$　　$9x＝36$
　　　　　　　　　　　$x＝4$
$a\parallel c\parallel d$ より，$(6+x)：12＝y：8$
また，$x＝4$ より，$12y＝80$
　　　　　　　　　$y＝\dfrac{20}{3}$

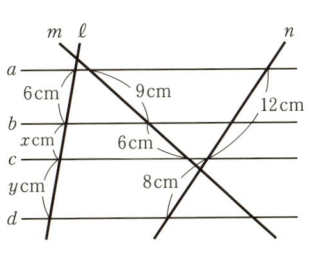

2—図形の相似と平行線

問9 次の図で，$a /\!/ b /\!/ c$ のとき，x, y の値を求めよ。

(1)

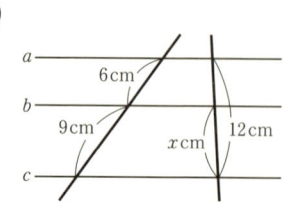

(2)

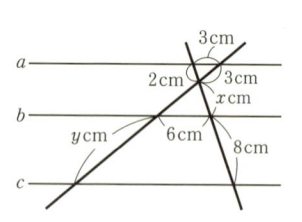

問10 右の図で，$a /\!/ b /\!/ c /\!/ d$, $\ell /\!/ m$ であり，
AB : BC = 2 : 3, FG : GH = 4 : 5, AC = 10 cm
のとき，線分 GH の長さを求めよ。

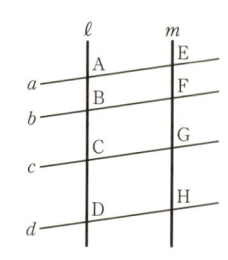

例題4 平行線と線分の比

右の図で，AD $/\!/$ EF $/\!/$ BC であるとき，
次の線分の長さを求めよ。

(1) DF　　　　(2) EF

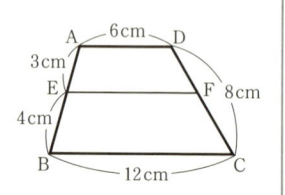

解答 (1) AD $/\!/$ EF $/\!/$ BC より，

　　　　AB : AE = DC : DF　　(3+4) : 3 = 8 : DF

ゆえに，DF = $\dfrac{24}{7}$　　　　　　　　　　　　　（答）$\dfrac{24}{7}$ cm

(2) 点 A と C を結び，線分 EF との交点を G とする。

△ABC において，EG $/\!/$ BC より，

　　　　AB : AE = BC : EG

　　　　7 : 3 = 12 : EG　　EG = $\dfrac{36}{7}$ ……①

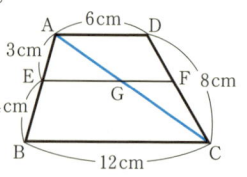

△CAD において，GF $/\!/$ AD より，

　　　　CA : CG = AD : GF

また，BA : BE = CA : CG であるから，

　　　　BA : BE = AD : GF　　7 : 4 = 6 : GF　　GF = $\dfrac{24}{7}$ ……②

①，②より，EF = EG + GF = $\dfrac{60}{7}$　　　　　　（答）$\dfrac{60}{7}$ cm

参考 右の図のように，頂点 A を通り辺 DC に平行な直線をひき，EF，BC との交点をそれぞれ G，H とすると，四角形 AGFD，GHCF はともに平行四辺形であることを利用してもよい。

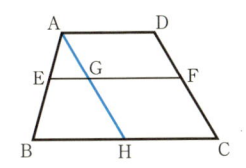

演習問題

16 次の図で，AD ∥ EF ∥ BC のとき，x，y の値を求めよ。

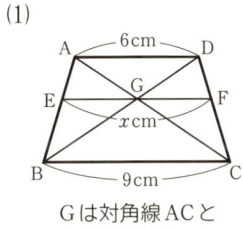

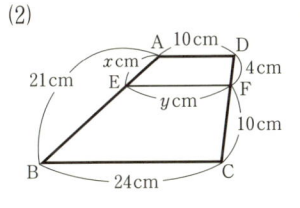

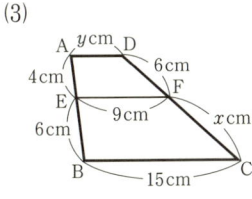

(1)
AD = 6cm, BC = 9cm, EF = $x$cm
G は対角線 AC と BD の交点

(2)
AD = 10cm, AE = $x$cm, AB = 21cm, DF = 4cm, EF = $y$cm, FC = 10cm, BC = 24cm

(3)
AD = $y$cm, AE = 4cm, EB = 6cm, DF = 6cm, EF = 9cm, FC = $x$cm, BC = 15cm

17 右の図のように，点 C を通り △ABC の辺 AB に平行な直線上に点 D をとり，線分 BD と辺 AC との交点を E とする。また，点 E を通り，辺 AB に平行な直線と辺 BC との交点を F とする。

AB＝8cm，CD＝12cm のとき，線分 EF の長さを求めよ。

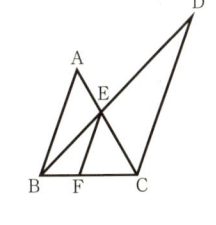

18 右の図のように，底面の面積が $361\pi\,\text{cm}^2$ である円すいを底面に平行な面で切り，頂点をふくむ方を取り除いた立体がある。この立体を，点 A を通り底面に平行な平面で切ると，断面積は $169\pi\,\text{cm}^2$ である。この立体の上の面の面積を求めよ。

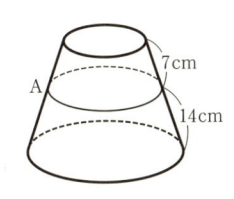

コラム 知っておきたい定理（メネラウスの定理）

平行線と線分の比で，次の**メネラウスの定理**が成り立ちます。△ABC の 3 辺 BC，CA，AB，またはその延長が，頂点を通らない 1 つの直線とそれぞれ点 P，Q，R で交わるとき，

$$\frac{BP}{PC} \times \frac{CQ}{QA} \times \frac{AR}{RB} = 1$$

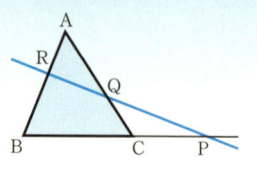

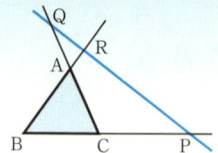

証明 頂点 C を通り，直線 PQ に平行な直線をひき，辺 AB（またはその延長）との交点を D とする。

RB＝x, RD＝y, AR＝z とおく。

△BPR で，CD∥PR より，BP：PC＝BR：RD

よって，$\dfrac{BP}{PC} = \dfrac{BR}{RD} = \dfrac{x}{y}$ ……①

同様に，△ADC で，CD∥QR より，

$\dfrac{CQ}{QA} = \dfrac{DR}{RA} = \dfrac{y}{z}$ ……②

また，$\dfrac{AR}{RB} = \dfrac{z}{x}$ ……③

①，②，③より，$\dfrac{BP}{PC} \times \dfrac{CQ}{QA} \times \dfrac{AR}{RB} = \dfrac{x}{y} \times \dfrac{y}{z} \times \dfrac{z}{x} = 1$

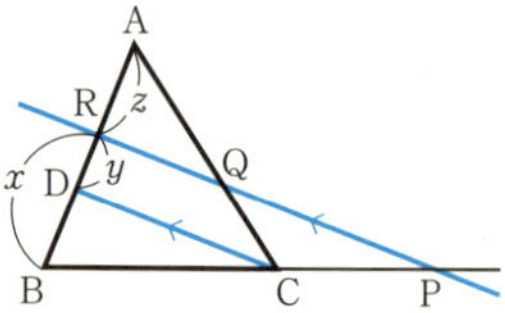

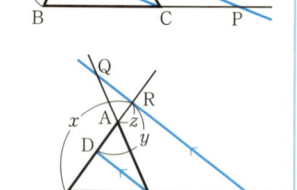

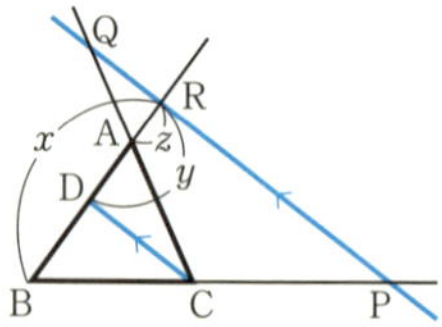

例 右の図の △ABC で，BD：DC＝1：2，AE：ED＝2：1 のとき，AF：FB と CE：EF を求めてみよう。

△ABD と直線 CEF において，
メネラウスの定理より，

$$\frac{BC}{CD} \times \frac{DE}{EA} \times \frac{AF}{FB} = 1$$

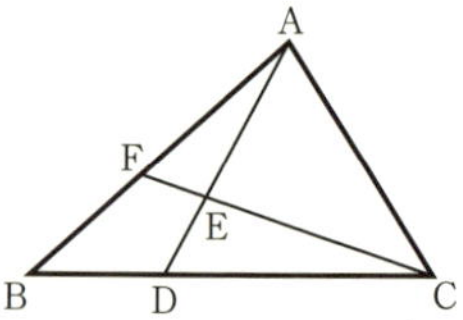

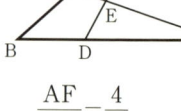

$\dfrac{BC}{CD} = \dfrac{3}{2}$, $\dfrac{DE}{EA} = \dfrac{1}{2}$ より，$\dfrac{3}{2} \times \dfrac{1}{2} \times \dfrac{AF}{FB} = 1$ $\dfrac{AF}{FB} = \dfrac{4}{3}$

ゆえに，AF：FB＝4：3 ……④

△FBC と直線 AED において，$\dfrac{BD}{DC} \times \dfrac{CE}{EF} \times \dfrac{FA}{AB} = 1$ と④より，

$\dfrac{1}{2} \times \dfrac{CE}{EF} \times \dfrac{4}{7} = 1$ $\dfrac{CE}{EF} = \dfrac{7}{2}$

ゆえに，CE：EF＝7：2

(4) 平行四辺形と線分の比

線分の比を求めるには、どの平行線に着目するかを考える。
三角形と線分の比の関係を利用して、いろいろな比を求めてみよう。

例題5　平行四辺形と線分の比①

右の図の □ABCD で、辺 BC 上に点 E を、BE：EC＝3：2 となるようにとる。点 E を通り、対角線 BD に平行な直線をひき、辺 CD との交点を F とする。

線分 AE，AF と対角線 BD との交点をそれぞれ G，H とするとき、次の比を求めよ。

(1) GH：EF　　　(2) BG：GH：HD

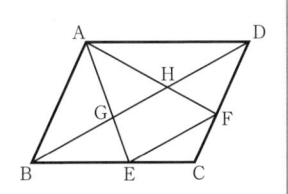

[解説]　(1)　AD∥BE より、GA：GE＝AD：EB
GH∥EF より、GH：EF＝AG：AE

(2)　AD∥BE より、GB：GD＝EB：AD　　BD∥EF より、DF：FC＝BE：EC
AB∥DF より、HD：HB＝FD：AB

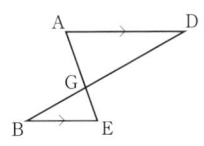

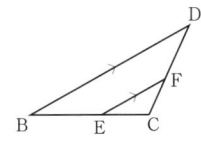

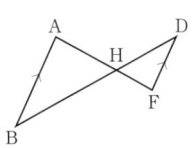

[解答]　(1)　AD∥BE より、GA：GE＝AD：EB＝BC：EB＝(3＋2)：3＝5：3
　　　　よって、　　AG：AE＝5：(5＋3)＝5：8
　　　　GH∥EF より、GH：EF＝AG：AE
　　　　ゆえに、　　GH：EF＝5：8　　　　　　　　　　　　　　　　　　（答）　5：8

(2)　AD∥BE より、GB：GD＝EB：AD＝EB：BC＝3：5

よって、　　BG＝$\frac{3}{8}$BD　………①

BD∥EF より、DF：FC＝BE：EC＝3：2
AB∥DF より、HD：HB＝FD：AB＝DF：DC＝3：5

よって、　　HD＝$\frac{3}{8}$BD　………②

①，②より、GH＝BD－(BG＋HD)＝$\frac{2}{8}$BD

ゆえに、　　BG：GH：HD＝3：2：3　　　　　　　　　　　　　　　　　（答）　3：2：3

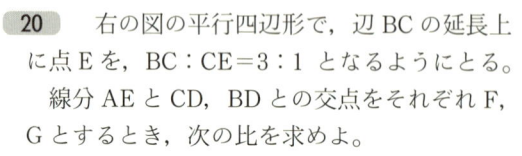

演習問題

19 右の図のように，□ABCD の辺 BC，CD 上にそれぞれ点 E，F をとり，BE：EC＝CF：FD＝2：1 とする。線分 AE，AF と対角線 BD との交点をそれぞれ G，H とするとき，次の比を求めよ。

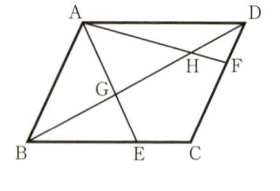

(1) BG：GD (2) BH：HD
(3) BG：GH：HD

20 右の図の平行四辺形で，辺 BC の延長上に点 E を，BC：CE＝3：1 となるようにとる。線分 AE と CD，BD との交点をそれぞれ F，G とするとき，次の比を求めよ。

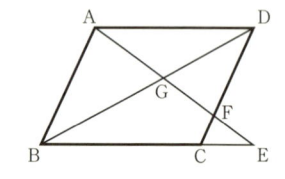

(1) BG：GD
(2) AG：GF：FE

例題6　平行四辺形と線分の比②

右の図のように，□ABCD の辺 BC 上に BE：EC＝2：3 となる点 E があり，F は辺 CD の中点である。線分 AF と ED との交点を G とするとき，AG：GF を求めよ。

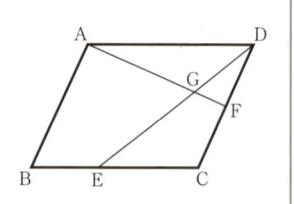

解説　辺 AB の延長と線分 DE の延長との交点を H とすると，AH∥DF より，AG：FG＝AH：FD となる。

解答　辺 AB の延長と線分 DE の延長との交点を H とする。

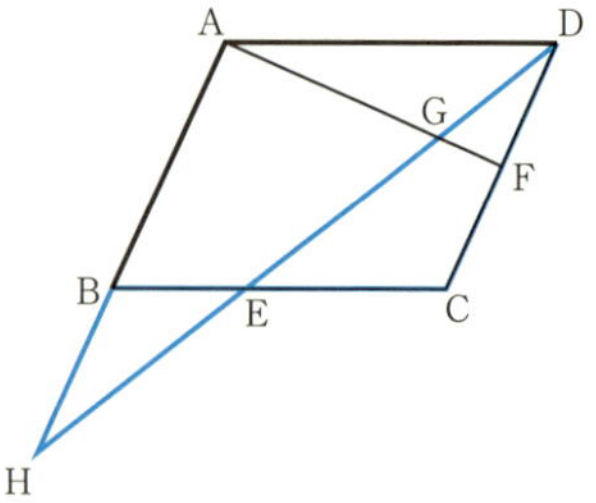

BH∥DC より，BH：CD＝EB：EC＝2：3

$$BH=\frac{2}{3}CD$$

よって，$AH=AB+BH=CD+\frac{2}{3}CD=\frac{5}{3}CD$

また，$FD=\frac{1}{2}CD$

AH∥DF より，$AG：FG=AH：FD=\frac{5}{3}CD：\frac{1}{2}CD$

$=10：3$

（答）10：3

演習問題

21 右の図のような □ABCD において，辺 AD，CD 上にそれぞれ点 E，F を，AE：ED＝DF：FC＝5：2 となるようにとる。対角線 BD と線分 EF との交点を G とするとき，DG：GB を求めよ。

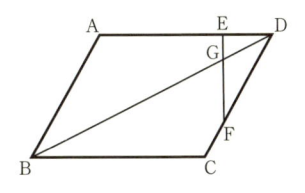

● ★ **三角形の内角・外角の二等分線**

三角形の内角・外角の二等分線と線分の比について，整理しておく。

(1) ★ **内角の二等分線**

△ABC において，∠A の二等分線と辺 BC との交点を D とすると，

BD：DC＝AB：AC

が成り立つ。

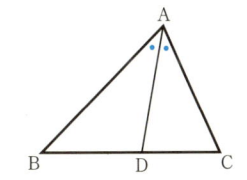

例 右の図で，x の値を求めてみよう。

AD が ∠A の二等分線であるから，

BD：DC＝AB：AC

よって， $1.2：x＝3：4$

$3x＝4.8$

$x＝1.6$

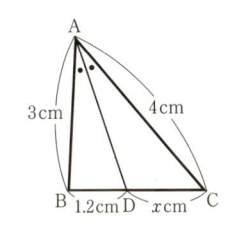

問11 次の図で，AD は ∠A の二等分線である。x の値を求めよ。

(1) 15cm, 10cm, $x$cm, 4cm

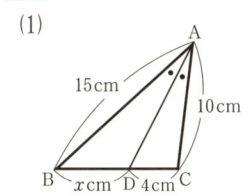

(2) 9cm, 12cm, 6cm, $x$cm

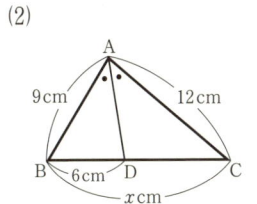

(3) 9cm, 3cm, 2cm, $x$cm

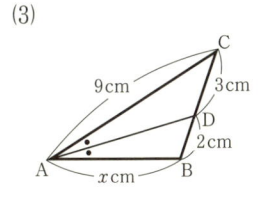

演習問題

22 右の図の △ABC で，AD は ∠A の二等分線であり，BE は ∠B の二等分線である。AB＝30cm，BC＝40cm，CA＝20cm とする。
(1) 線分 BD の長さを求めよ。
(2) AE：ED を求めよ。

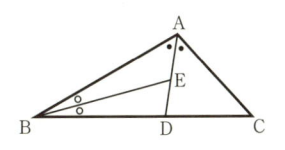

23 右の図の △ABC で，∠A の二等分線と辺 BC との交点を D とする。辺 AC 上に AE：EC＝3：2 となるように点 E をとり，線分 AD と BE との交点を F とする。また，AB＝6cm，AC＝5cm とする。 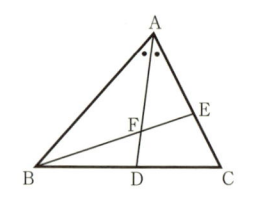
(1) BF：FE を求めよ。
(2) AF：FD を求めよ。

(2)★ 外角の二等分線

AB≠AC の △ABC において，∠A の外角の二等分線と辺 BC の延長との交点を D とすると，
$$BD：DC＝AB：AC$$
が成り立つ。

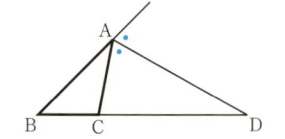

例 右の図で，AD が ∠A の外角の二等分線であるとき，x の値を求めてみよう。
BD：DC＝AB：AC
よって，$(x+4)：4＝9：3$
$3(x+4)＝36$
$x＝8$

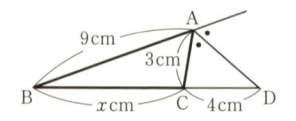

問12 次の図で，AD が ∠A の外角の二等分線であるとき，x の値を求めよ。
(1)　(2) 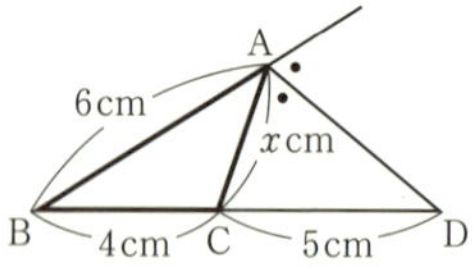　(3)

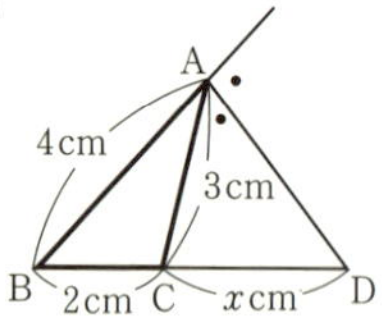

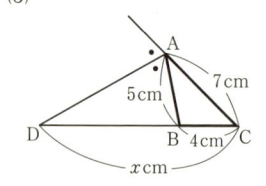

演習問題

24 右の図のような AB＝6cm，AC＝3cm，BC＝4cm の △ABC があり，∠A の内角，外角の二等分線と直線 BC との交点をそれぞれ D，E とするとき，線分 DE の長さを求めよ。

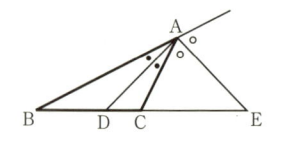

3 面積の比

● 等積

2つの図形の面積が等しいことを，その2つの図形は**等積**であるといい，等号＝を使って，△ABC＝▱DEFG のように表す。

(1) 三角形が等積になるための条件

① 辺 BC を共有する △ABC と △A′BC において，
AA′ ∥ BC ならば △ABC＝△A′BC

② 辺 BC を共有する △ABC と △A′BC において，線分 AA′ が辺 BC，またはその延長によって2等分されるならば，
△ABC＝△A′BC

参考 ①，②について，逆も成り立つ。
△ABC と △A′BC において，
①では，頂点 A，A′ が直線 BC について同じ側にあり，△ABC＝△A′BC ならば AA′ ∥ BC である。
②では，頂点 A，A′ が直線 BC について異なる側にあり，△ABC＝△A′BC ならば線分 AA′ は辺 BC，またはその延長によって2等分される。

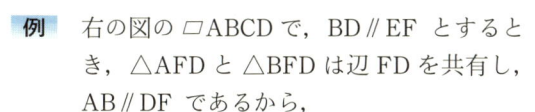

例 右の図の ▱ABCD で，BD ∥ EF とするとき，△AFD と △BFD は辺 FD を共有し，AB ∥ DF であるから，
△AFD＝△BFD ………①
△BFD と △BED は辺 BD を共有し，BD ∥ EF であるから，
△BFD＝△BED ………②
①，②より， △AFD＝△BED

問13 右の図のように，▱ABCD の辺 AB の延長上に点 E を，BE＝AB となるようにとり，辺 BC 上に点 F をとるとき，△AFC と面積が等しい三角形を2つあげよ。

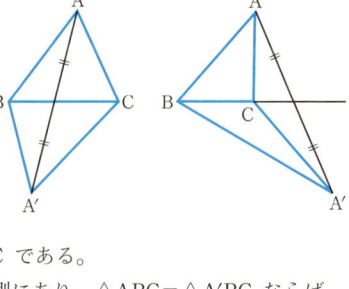

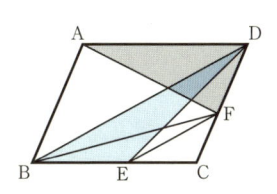

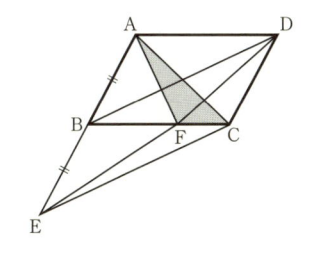

問14 右の図のような AB=8cm，AD=12cm の長方形 ABCD がある。辺 AD の延長上に点 E をとり，線分 BE と辺 CD との交点を F とする。△CEF の面積が 12cm² のとき，線分 DE の長さを求めよ。

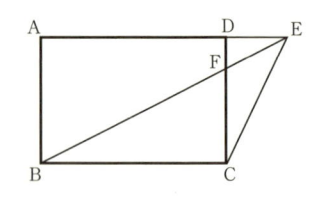

2つの三角形の面積の比

(1) **底辺の長さが等しい三角形**

底辺の長さが等しい2つの三角形の面積の比は，高さの比になる。

右の図で，
$$△ABC : △DEF$$
$$= \frac{1}{2}ah : \frac{1}{2}ah'$$
$$= h : h'$$

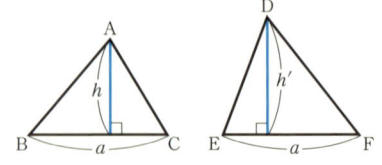

(2) **高さが等しい三角形**

高さが等しい2つの三角形の面積の比は，底辺の長さの比になる。

右の図で，
$$△ABC : △DEF$$
$$= \frac{1}{2}ah : \frac{1}{2}a'h$$
$$= a : a'$$

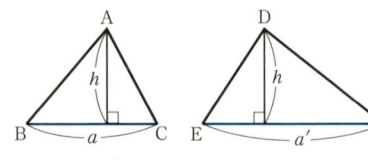

例 右の図の △ABC で，BD:DC=2:3，AE:ED=4:3 とするとき，面積の比 △ABD:△ADC，△AEC:△ADC を求めてみよう。

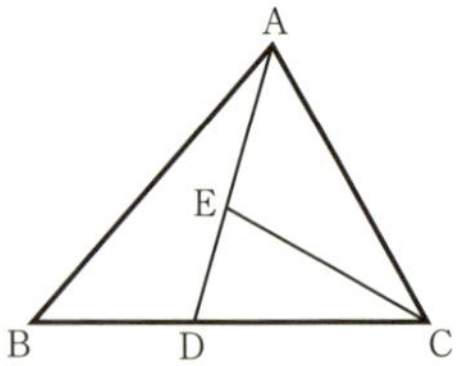

△ABD と △ADC において，底辺をそれぞれ BD，DC とすると，高さが等しいから，
$$△ABD : △ADC = BD : DC$$
$$= 2 : 3$$

△AEC と △ADC において，底辺をそれぞれ AE，AD とすると，高さが等しいから，
$$△AEC : △ADC = AE : AD$$
$$= 4 : 7$$

例題7　三角形の面積の比①

右の図の $\triangle ABC$ で，辺 BC 上に点 D があり，線分 AD 上に点 E がある。$BD=2\mathrm{cm}$，$DC=4\mathrm{cm}$，$AE=3\mathrm{cm}$，$ED=2\mathrm{cm}$ とするとき，$\triangle ABC$ の面積は $\triangle BDE$ の面積の何倍か。

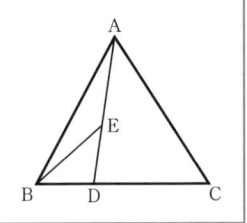

解説　$\triangle ABC$ と $\triangle ABD$，$\triangle ABD$ と $\triangle BDE$ の面積の比を求める。

解答　$\triangle ABC$ と $\triangle ABD$ において，底面をそれぞれ BC，BD とすると，高さが等しいから，

$$\triangle ABC : \triangle ABD = BC : BD = 6 : 2$$
$$= 3 : 1$$

よって，$\triangle ABC = 3\triangle ABD$ ………①

$\triangle ABD$ と $\triangle BDE$ において，底辺をそれぞれ AD，ED とすると，高さが等しいから，

$$\triangle ABD : \triangle BDE = AD : ED$$
$$= 5 : 2$$

よって，$\triangle ABD = \dfrac{5}{2}\triangle BDE$ ………②

①，②より，$\triangle ABC = 3 \times \dfrac{5}{2}\triangle BDE$

$$= \dfrac{15}{2}\triangle BDE$$

（答）$\dfrac{15}{2}$ 倍

演習問題

25　右の図の $\triangle ABC$ で，辺 AB，AC 上にそれぞれ点 D，E を，$AD=2\mathrm{cm}$，$DB=3\mathrm{cm}$，$AE=3\mathrm{cm}$，$EC=1\mathrm{cm}$ となるようにとるとき，$\triangle ABC$ の面積は $\triangle DCE$ の面積の何倍か。

26　右の図の $\square ABCD$ で，辺 BC 上に点 E を，$BE:EC=1:2$ となるようにとり，辺 CD の中点を F とするとき，四角形 AECF の面積は $\square ABCD$ の面積の何倍か。

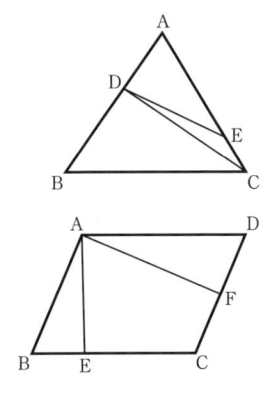

27 右の図の正六角形 ABCDEF で，辺 CD の中点を M とするとき，四角形 ABCM の面積は五角形 AMDEF の面積の何倍か。

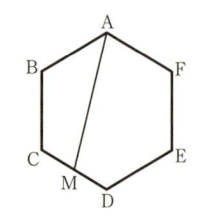

28 右の図の □ABCD で，辺 AD, BC の中点をそれぞれ E, F とする。辺 AB 上に点 G を，AG：GB＝2：3 となるようにとり，G を通り辺 AD と平行な直線をひき，CD, EF との交点をそれぞれ H, P とするとき，□ABCD の面積は △ACP の面積の何倍か。

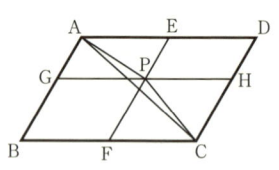

(3) **角を共有する三角形**

角を共有する 2 つの三角形について，次のことが成り立つ。
△ABC と △PQR において，∠A＝∠P または ∠A＋∠P＝180° ならば
△ABC：△PQR＝AB×AC：PQ×PR＝ab：pq

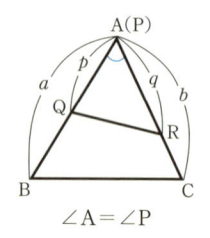

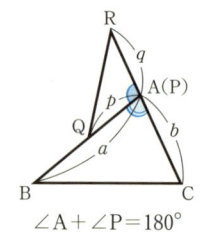

∠A＝∠P   ∠A＋∠P＝180°

例 右の図の △ABC で，AD：DB＝2：3，AE：EC＝3：4，DF：FE＝3：2 とするとき，面積の比 △ABC：△ADE，△ADE：△DBF を求めてみよう。

△ABC と △ADE は ∠A を共有するから，
  △ABC：△ADE＝AB×AC：AD×AE
         ＝5×7：2×3
         ＝35：6

△ADE と △DBF で，∠ADE＋∠BDF＝180° より，
  △ADE：△DBF＝DA×DE：DB×DF
         ＝2×5：3×3
         ＝10：9

例題8　三角形の面積の比②

右の図のように，△ABC の辺 AB，BC，CA 上にそれぞれ点 P，Q，R を，AP：PB＝1：2，BQ：QC＝3：2，CR＝RA となるようにとるとき，面積の比 △ABC：△PQR を求めよ。

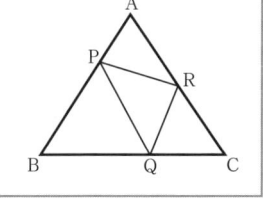

解説　△APR，△BQP，△CRQ は，△ABC とそれぞれ ∠A，∠B，∠C を共有する。それぞれにおいて，△ABC との面積の比を求めることができる。

解答　△ABC と △APR は ∠A を共有するから，
$$△ABC：△APR＝AB×AC：AP×AR$$
AB：AP＝3：1，AC：AR＝2：1 より，
$$△ABC：△APR＝3×2：1×1＝6：1$$
よって，$△APR＝\dfrac{1}{6}△ABC$ ………①

同様に，△BQP，△CRQ は，△ABC とそれぞれ ∠B，∠C を共有するから，
$$△ABC：△BQP＝BC×BA：BQ×BP＝5×3：3×2＝5：2$$
$$△ABC：△CRQ＝CA×CB：CR×CQ＝2×5：1×2＝5：1$$
よって，$△BQP＝\dfrac{2}{5}△ABC$ ………②　　　$△CRQ＝\dfrac{1}{5}△ABC$ ………③

①，②，③より，$△PQR＝△ABC－(△APR＋△BQP＋△CRQ)$
$$＝\left\{1－\left(\dfrac{1}{6}＋\dfrac{2}{5}＋\dfrac{1}{5}\right)\right\}△ABC＝\dfrac{7}{30}△ABC$$

ゆえに，△ABC：△PQR＝30：7　　　　　　　　　　　　　　　（答）　30：7

演習問題

29　右の図のように，△ABC の辺 BC，CA，AB の延長上にそれぞれ点 P，Q，R を，BC＝CP，CA：AQ＝2：1，AB：BR＝3：2 となるようにとる。このとき，面積の比 △ABC：△PQR を求めよ。

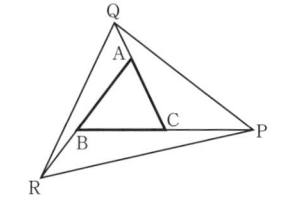

30　右の図のように，△ABC の辺 AB，AC 上にそれぞれ点 D，E を，AD：DB＝3：1，AE：EC＝5：7 となるようにとり，線分 DE 上に点 F を，DF：FE＝1：3 となるようにとる。このとき，面積の比 △ABC：△FBC を求めよ。

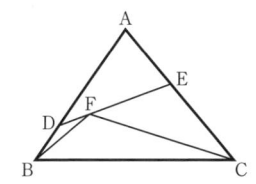

コラム 知っておきたい定理（チェバの定理）

三角形の頂点を通る 3 つの直線が 1 点で交わるとき，次の **チェバの定理** が成り立ちます。

△ABC の 3 頂点 A，B，C と，三角形の辺上にもその延長上にもない点 O とを結ぶ直線が，対辺 BC，CA，AB，またはその延長と交わるとき，その交点をそれぞれ P，Q，R とするならば，

$$\frac{BP}{PC} \times \frac{CQ}{QA} \times \frac{AR}{RB} = 1$$

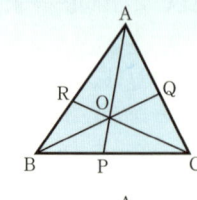

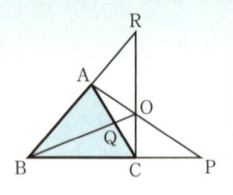

[証明] 右の図のように，頂点 B，C から直線 AO にそれぞれ垂線 BM，CN をひく。
△OAB と △OCA は辺 AO を共有し，BM∥CN であるから，
△OAB：△OCA＝BM：CN＝BP：PC より，

$$\frac{BP}{PC} = \frac{\triangle OAB}{\triangle OCA}$$

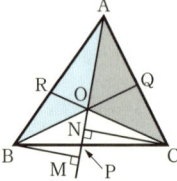

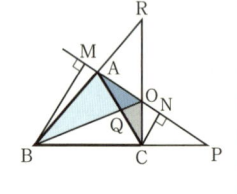

同様に，$\dfrac{CQ}{QA} = \dfrac{\triangle OBC}{\triangle OAB}$，$\dfrac{AR}{RB} = \dfrac{\triangle OCA}{\triangle OBC}$

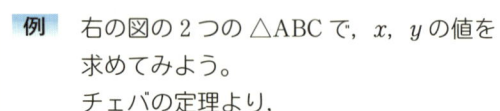

ゆえに，$\dfrac{BP}{PC} \times \dfrac{CQ}{QA} \times \dfrac{AR}{RB} = \dfrac{\triangle OAB}{\triangle OCA} \times \dfrac{\triangle OBC}{\triangle OAB} \times \dfrac{\triangle OCA}{\triangle OBC} = 1$

例 右の図の 2 つの △ABC で，x，y の値を求めてみよう。
チェバの定理より，

$$\frac{BP}{PC} \times \frac{CQ}{QA} \times \frac{AR}{RB} = 1$$

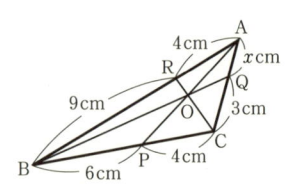

よって，$\dfrac{6}{4} \times \dfrac{3}{x} \times \dfrac{4}{9} = 1$

ゆえに，$x = 2$

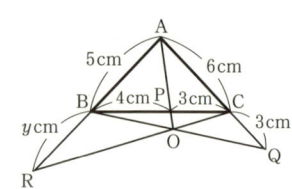

同様に，$\dfrac{4}{3} \times \dfrac{3}{9} \times \dfrac{y+5}{y} = 1$

$4(y+5) = 9y$

ゆえに，$y = 4$

相似な図形の面積の比

相似な図形の性質を利用して，図形の面積を求めることを考える。
右の図で，△ABC∽△DEF であり，相似比が $m:n$ とすると，
　　AB：DE＝AC：DF＝$m:n$
∠A＝∠D より，
　　△ABC：△DEF
　　＝AB×AC：DE×DF
　　＝$m×m:n×n$
ゆえに，△ABC：△DEF＝$m^2:n^2$

一般に，相似な図形の面積の比について，次の性質が成り立つ。

2つの相似な図形の相似比が $m:n$ のとき，面積の比は $m^2:n^2$ である。

例 右の図で，おうぎ形 ABC∽おうぎ形 DEF で，相似比は AB：DE＝3：4 であるから，おうぎ形 ABC とおうぎ形 DEF の面積の比は，
$$3^2:4^2=9:16$$

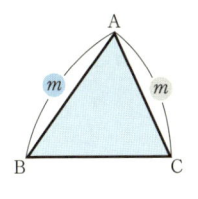

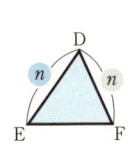

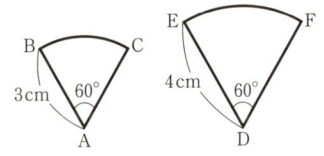

例題9　相似比の利用

右の図の台形 ABCD で，AD∥BC，AD＝2cm，BC＝8cm である。△OAD の面積を a cm² とするとき，台形 ABCD の面積を a を用いて表せ。

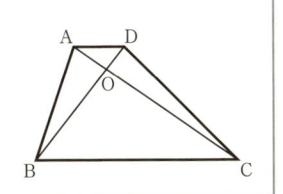

[解説]　AD∥BC より，△OAD∽△OCB となる。
[解答]　△OAD と △OCB において，
AD∥BC より，
　　　∠OAD＝∠OCB，∠ODA＝∠OBC（ともに錯角）
よって，△OAD∽△OCB（2角）
OA：OC＝OD：OB＝AD：CB＝1：4 であるから，
　　△OAD：△OCB＝1：16
よって，△OCB＝$16a$
また，△OAD：△OAB＝1：4，△OAD：△OCD＝1：4 より，
　　△OAB＝$4a$
　　△OCD＝$4a$
ゆえに，（台形 ABCD）＝$a+16a+4a+4a=25a$
　　　　　　　　　　　　　　　　　　　　　（答）$25a$ cm²

演習問題

31 右の図の □ABCD で，辺 AD 上に点 E を，AE：ED＝2：1 となるようにとり，対角線 BD と線分 CE との交点を F とする。

△BCF の面積が $12\,\mathrm{cm}^2$ のとき，四角形 ABFE の面積を求めよ。

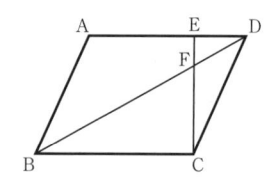

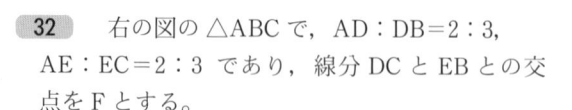

32 右の図の △ABC で，AD：DB＝2：3，AE：EC＝2：3 であり，線分 DC と EB との交点を F とする。
(1) BC：DE を求めよ。
(2) △ABC：△DEF を求めよ。

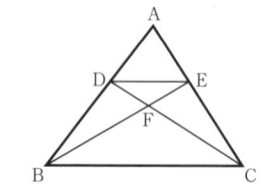

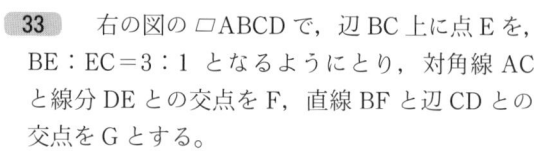

33 右の図の □ABCD で，辺 BC 上に点 E を，BE：EC＝3：1 となるようにとり，対角線 AC と線分 DE との交点を F，直線 BF と辺 CD との交点を G とする。

△FEC の面積が $4\,\mathrm{cm}^2$ であるとき，四角形 AFGD の面積を求めよ。

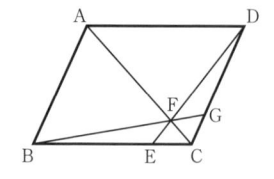

34 右の図の △ABC で，DE ∥ FG ∥ BC であり，△ADE，四角形 DFGE，四角形 FBCG の面積がすべて等しい。

AD＝1 cm のとき，線分 FB の長さを求めよ。

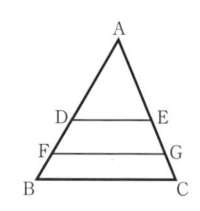

章末問題

1 右の図のような正三角形 ABC がある。辺 AC 上に点 D をとり，線分 AD を 1 辺とするひし形 ADEF を，正三角形 ABC の外側に AF ∥ BC となるようにつくる。また，線分 DE と CF との交点を G とする。 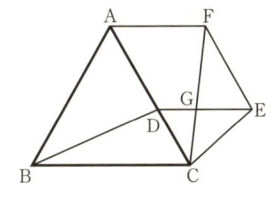
(1) △ABD ≡ △ACF を証明せよ。
(2) AD : DC ＝ 3 : 2 のとき，△ABC と四角形 ACEF の面積の比を求めよ。

2 右の図の ▱ABCD で，辺 BC の延長上に BC : CE ＝ 3 : 2 となる点 E をとり，線分 AE と辺 CD との交点を F とする。 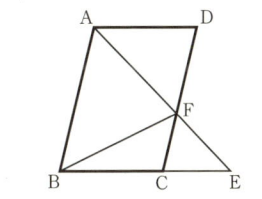
(1) CF : FD を求めよ。
(2) ▱ABCD の面積を 60 cm² とするとき，△BEF の面積を求めよ。

3 右の図の等脚台形 ABCD で，AD ∥ BC，AB ＝ AD ＝ CD ＝ 2 cm，BC ＝ 4 cm であり，辺 AB の中点を M とする。辺 CD 上に点 N をとり，線分 MN で台形 ABCD の面積を 2 等分する。このとき，線分 NC の長さを求めよ。

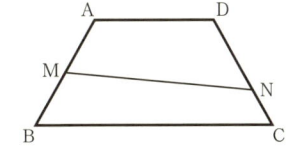

4 右の図のように，1 辺の長さが 8 cm の正三角形 ABC の辺 BC 上に点 D があり，BD＜DC，AD ＝ 7 cm とする。線分 AD を 1 辺とする正三角形 ADE の辺 DE と辺 AC との交点を F とする。
(1) △AEF と相似な三角形を 3 つあげよ。 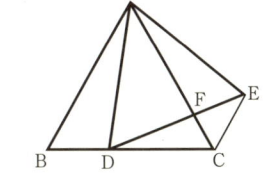
(2) 線分 AF の長さを求めよ。
(3) 線分 BD の長さを求めよ。

5 右の図の △ABC で，辺 BC 上に点 D，辺 AC 上に点 E をとり，線分 AD と BE との交点を F とする。また，BD : DC ＝ 2 : 1，BF : FE ＝ 6 : 1 とする。 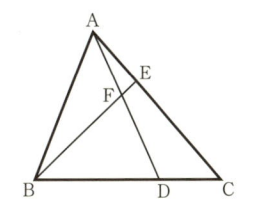
(1) AF : FD を求めよ。
(2) △ABC と四角形 CEFD の面積の比を求めよ。

6 右の図の △ABC で，辺 AB，BC，CA の中点をそれぞれ D，E，F とする。線分 AE と BF との交点を G，線分 DF と AE との交点を H とする。
(1) AE：HG を求めよ。
(2) 面積の比 △ABC：△HGF を求めよ。

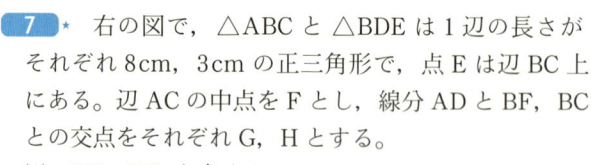

7* 右の図で，△ABC と △BDE は1辺の長さがそれぞれ 8cm，3cm の正三角形で，点 E は辺 BC 上にある。辺 AC の中点を F とし，線分 AD と BF，BC との交点をそれぞれ G，H とする。
(1) BH：HC を求めよ。
(2) △BDH の面積は，△ABC の面積の何倍か。
(3) 四角形 GHCF の面積は，△ABC の面積の何倍か。

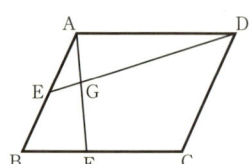

8 右の図のような □ABCD があり，辺 AB の中点を E とし，辺 BC 上に点 F を，BF：FC＝2：3 となるようにとる。線分 AF と ED との交点を G とする。
(1) EG：GD を求めよ。
(2) 四角形 BFGE の面積は，□ABCD の面積の何倍か。

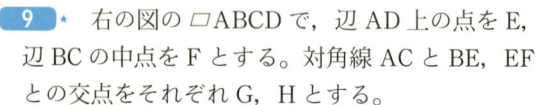

9* 右の図の □ABCD で，辺 AD 上の点を E，辺 BC の中点を F とする。対角線 AC と BE，EF との交点をそれぞれ G，H とする。
(1) AE：ED＝3：1 のとき，次の問いに答えよ。
 (i) GH：AC を求めよ。
 (ii) △EGH の面積は，□ABCD の面積の何倍か。
(2) △FCH の面積が □ABCD の面積の $\frac{1}{7}$ のとき，AE：ED を求めよ。

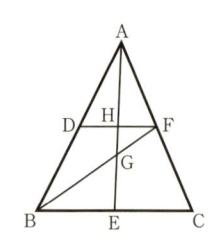

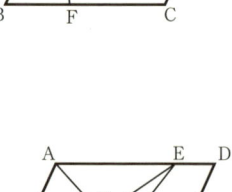

3章 円の性質と三平方の定理

1 円の性質

● 円の性質
円の基本的な性質について、整理しておく。

(1) 中心角と弧

1つの円、または半径の等しい円で、

① 大きさの等しい中心角に対する弧の長さは等しい。

　　図1で、$\angle AOB = \angle COD$　ならば　$\overset{\frown}{AB} = \overset{\frown}{CD}$

② 長さの等しい弧に対する中心角の大きさは等しい。

　　図1で、$\overset{\frown}{AB} = \overset{\frown}{CD}$　ならば　$\angle AOB = \angle COD$

③ 中心角の大きさとそれに対する弧の長さは比例する。

　　図2で、$\angle AOB = 2\angle COD$　ならば　$\overset{\frown}{AB} = 2\overset{\frown}{CD}$
　　　　　　$\overset{\frown}{AB} = 2\overset{\frown}{CD}$　ならば　$\angle AOB = 2\angle COD$

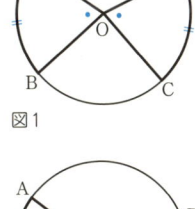

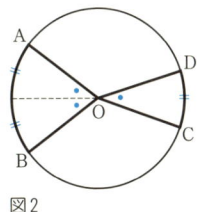

例　右の図の円Oで、xの値を求めてみよう。

(1)　$\angle AOB = \angle COD$ であるから、
　　　　$\overset{\frown}{AB} = \overset{\frown}{CD}$
　　ゆえに、$x = 5$

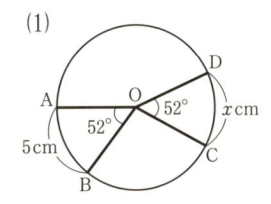

(2)　$\overset{\frown}{AB} : \overset{\frown}{CD} = 3 : 5$ のとき、
　　　$\angle AOB : \angle COD = 3 : 5$ であるから、
　　　　　　$54 : x = 3 : 5$
　　　　　　　$3x = 270$
　　ゆえに、$x = 90$

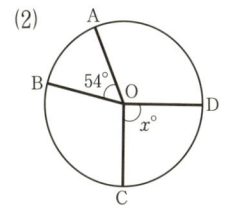

問1 次の図の円Oで，xの値を求めよ。

(1) 150°, 50°, $\overparen{AB}=6$cm, $\overparen{CD}=x$cm

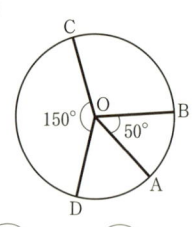

(2) $x°$, 90°, $\overparen{AB}:\overparen{CD}=4:3$

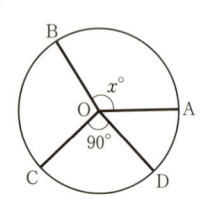

(3) 57°, 60°, $x°$, $\overparen{AB}:\overparen{CD}=1:2$

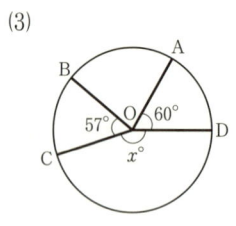

演習問題

1 右の図のように，△ABC と BD を直径とする半円 O がある。∠ABC=50°，∠ACB=25° のとき，$\overparen{BA}:\overparen{AE}:\overparen{ED}$ を求めよ。

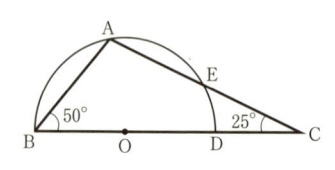

2 右の図のように，AB，BC を直径とする 2 つの半円 O，P がある。半円 O の弦 AD は，半円 P に点 E で接している。$\overparen{CE}:\overparen{EB}=2:7$ のとき，次の問いに答えよ。
(1) ∠DAC の大きさを求めよ。
(2) $\overparen{AD}:\overparen{DB}$ を求めよ。

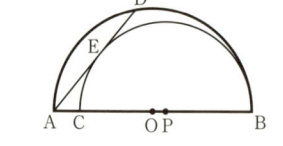

(2) 円周角と中心角

① 円周角の定理

1つの弧に対する円周角の大きさは一定であり，その弧に対する中心角の大きさの半分である。

右の図で，∠APB = ∠AP'B
         = ∠AP''B
         = $\frac{1}{2}$∠AOB

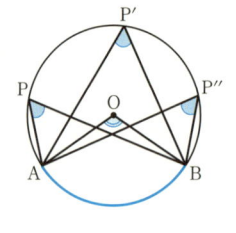

参考 $\overparen{AB}$ に対する中心角 ∠AOB は 1 つに決まり，円周角の大きさは ∠AOB の半分である。したがって，$\overparen{AB}$ に対するすべての円周角の大きさは一定である。

例 右の図で，x，yの値を求めてみよう。

円 O で，$\stackrel{\frown}{ABC}$ に対する中心角が $124°$ であるから，$\stackrel{\frown}{ABC}$ に対する円周角は，$\dfrac{1}{2} \times 124° = 62°$

ゆえに，$x = 62$

$\stackrel{\frown}{CDA}$ に対する中心角が $360° - 124° = 236°$ であるから，$\stackrel{\frown}{CDA}$ に対する円周角は，$\dfrac{1}{2} \times 236° = 118°$

ゆえに，$y = 118$

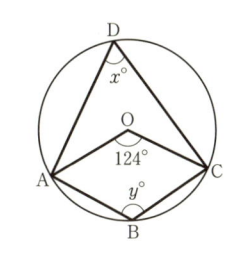

問 2 次の図の円 O で，x の値を求めよ。

(1)　　　　　　　　　(2) 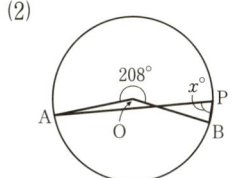　　　　　　　　　(3)

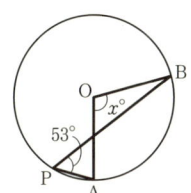

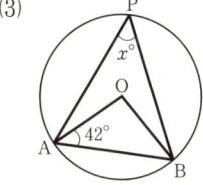

② 半円周に対する円周角

円周角の定理から，次のことが成り立つ。

半円周に対する円周角は $90°$ である。

右の図の円 O で，AB が直径のとき，

$\angle APB = 90°$

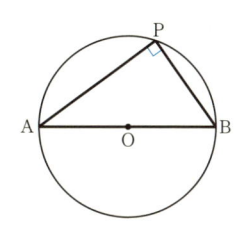

③ 円周角の定理の逆

P，Q が直線 AB について同じ側にあって，$\angle APB = \angle AQB$ ならば，4 点 A，B，P，Q は同一円周上にある。

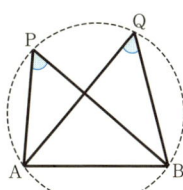

例 右の図で，x，yの値を求めてみよう。

$\angle ACB = \angle ADB$ であるから，4 点 A，B，C，D は同一円周上にある。

よって，$x° = \angle ABD = 57°$ より，$x = 57$

$\triangle ABD$ において，$y° = \angle BAC$

$\qquad = 180° - (46° + 57° + 40°) = 37°$

ゆえに，$y = 37$

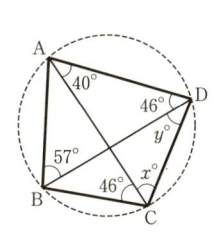

1—円の性質　55

問3 右の図の四角形 ABCD で，∠CAD の大きさを求めよ。

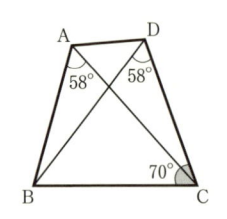

例題1　円周角と中心角

右の図のように，AB を直径とする半円 O の弧上に点 C, D があり，線分 OC と BD との交点を E とする。∠AOD＝76°，∠CBD＝22° であるとき，x の値を求めよ。

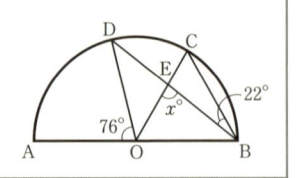

解説　$\overparen{AD}$ に対する中心角は 76°，$\overparen{CD}$ に対する円周角は 22° である。

解答　$\overparen{AD}$ に対する中心角は 76° であるから，
$$\angle ABD = \frac{1}{2} \times 76° = 38°$$
△OBD は二等辺三角形であるから，
$$\angle ODB = \angle OBD = 38°$$
$\overparen{CD}$ に対する円周角は 22° であるから，
$$\angle COD = 2 \times 22° = 44°$$
ゆえに，△ODE において，$x = 38 + 44 = 82$

（答）　$x = 82$

演習問題

3　右の図の円 O で，∠AOB＝$a°$，∠OAC＝$b°$ とするとき，∠OBC の大きさを $a°$, $b°$ で表せ。

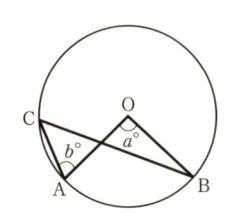

4　右の図の円 O で，x, y の値を求めよ。

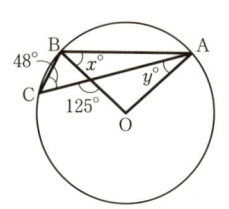

5 次の図で，x の値を求めよ。ただし，O は円の中心である。

(1)

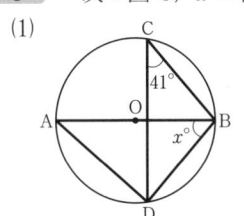

(2) 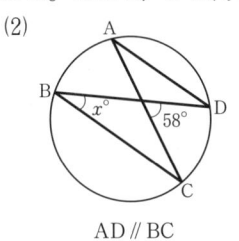 AD // BC

(3)

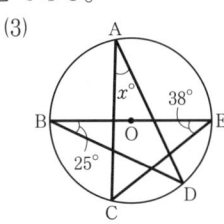

(4)

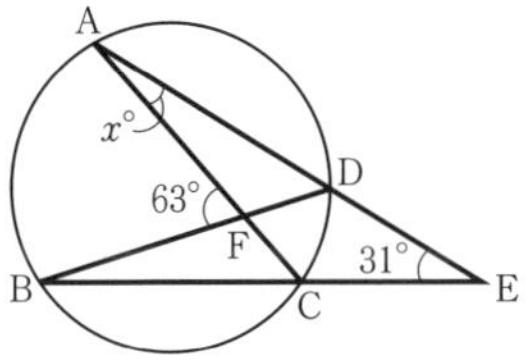

(5) 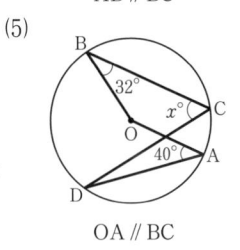 OA // BC

6 右の図のように，半径 12 cm，中心角が 90° のおうぎ形 OAB があり，$\overparen{AB}$ の 3 等分点を C，D とする。また，OA を直径とする円 P があり，線分 OC，OD との交点をそれぞれ E，F とするとき，影の部分の面積を求めよ。

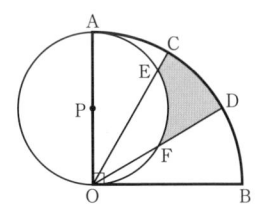

7 右の図のように，正三角形 ABC と正三角形 CDE がある。線分 AD と BE をそれぞれ延長し，交点を P とすると，4 点 A，B，C，P は同一円周上にあることを証明せよ。

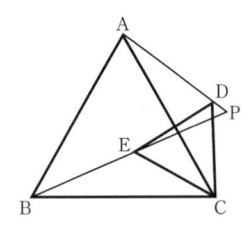

(3) 円周角と弧

1 つの円，または半径の等しい円で，

① 長さの等しい弧に対する円周角の大きさは等しい。

　図 1 で，$\overparen{AB} = \overparen{CD}$ ならば $\angle APB = \angle CQD$

② 大きさの等しい円周角に対する弧，および弦の長さはそれぞれ等しい。

　図 1 で，

　　$\angle APB = \angle CQD$ ならば $\overparen{AB} = \overparen{CD}$，$AB = CD$

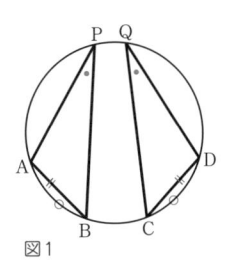

図 1

③ 円周角の大きさとそれに対する弧の長さは比例する。

　図2で，∠APB＝3∠CQD　ならば　$\overset{\frown}{AB}=3\overset{\frown}{CD}$
　　　　$\overset{\frown}{AB}=3\overset{\frown}{CD}$　ならば　∠APB＝3∠CQD

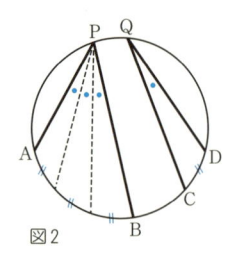

図2

例　右の図で，弧の長さや円周角を求めてみよう。

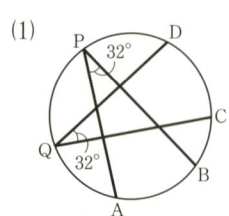

(1) $\overset{\frown}{AB}=5$cm，$\overset{\frown}{CD}=x$cm のとき，
　∠APB＝∠CQD であるから，
　　$\overset{\frown}{CD}=\overset{\frown}{AB}=5$
ゆえに，$x=5$

(2) $\overset{\frown}{AB}=10$cm，$\overset{\frown}{CD}=4$cm のとき，
　$\overset{\frown}{AB}=\dfrac{5}{2}\overset{\frown}{CD}$ であるから，
　　∠APB＝$\dfrac{5}{2}$∠CQD＝50°
ゆえに，$x=50$

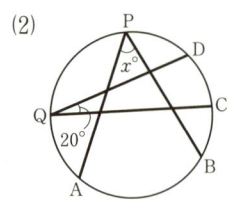

問4　次の図で，x の値を求めよ。ただし，O は円の中心である。

(1) $2\overset{\frown}{AB}=\overset{\frown}{BC}$

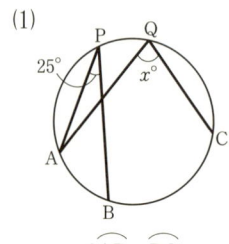

(2) $4\overset{\frown}{AB}=3\overset{\frown}{AC}$

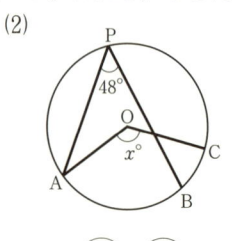

(3)

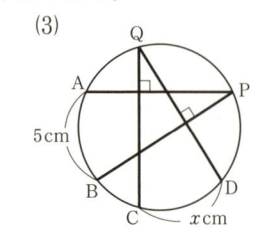

例題2　円周角の大きさ

右の図の円 O で，$\overset{\frown}{AB}:\overset{\frown}{BC}:\overset{\frown}{CA}=4:2:3$ のとき，∠CAB，∠ABC，∠BCA の大きさを求めよ。

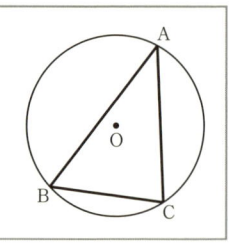

[解説] $\overset{\frown}{AB}$, $\overset{\frown}{BC}$, $\overset{\frown}{CA}$ に対する円周角の大きさは，それらの弧の長さに比例する。

[解答] $\overset{\frown}{AB}$, $\overset{\frown}{BC}$, $\overset{\frown}{CA}$ に対する中心角の和は $360°$ であるから，これらの弧に対する円周角の和は $180°$ である。

また，弧の長さと円周角の大きさは比例するから，$\overset{\frown}{BC}$ に対する円周角 $\angle CAB$ は，

$$\angle CAB = 180° \times \frac{2}{4+2+3} = 40°$$

同様に，$\angle ABC = 180° \times \frac{3}{4+2+3} = 60°$

$$\angle BCA = 180° \times \frac{4}{4+2+3} = 80°$$

（答） $\angle CAB = 40°$, $\angle ABC = 60°$, $\angle BCA = 80°$

演習問題

8 次の図で，x の値を求めよ。ただし，(1)は半円，(2)の A, B, C, ……, I は円周の 9 等分点，(3)の円 O の半径は $12\,\mathrm{cm}$ である。

(1) $\overset{\frown}{AB} : \overset{\frown}{BC} : \overset{\frown}{CD} = 1 : 5 : 3$

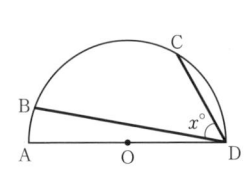

(2)

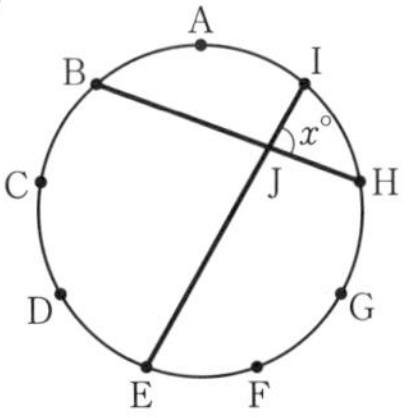

(3) 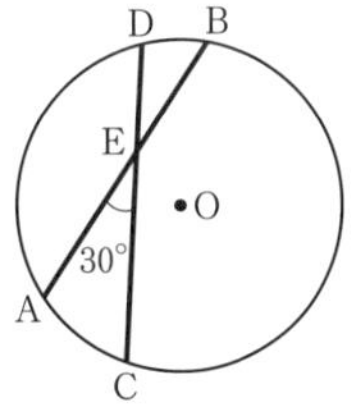 $\overset{\frown}{AC} + \overset{\frown}{BD} = x\,\mathrm{cm}$

9 右の図の円で，$\overset{\frown}{BC} = \overset{\frown}{CD} = \overset{\frown}{DA}$, $\angle ACB = 30°$ のとき，x の値を求めよ。

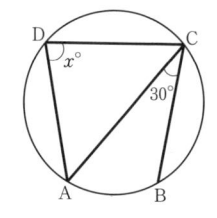

10 右の図の円 O で，$\overset{\frown}{AB} : \overset{\frown}{BC} : \overset{\frown}{CA} = 7 : 5 : 3$ である。線分 CA の延長上に点 E をとり，$\angle BAE$ の二等分線が円 O と交わる点を D とするとき，$\overset{\frown}{BD}$ の長さは $\overset{\frown}{AD}$ の長さの何倍か。

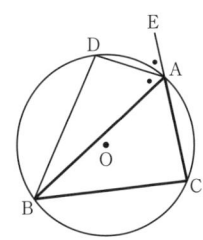

11 右の図の円で，$\overset{\frown}{AB}=1$cm，$\overset{\frown}{BC}=2$cm，$\overset{\frown}{CD}=3$cm のとき，△ABE は AB=AE の二等辺三角形となった。∠ABE の大きさを求めよ。

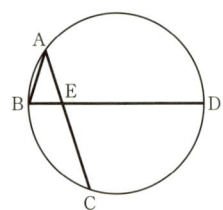

(4) 円に内接する四角形
① **円に内接する四角形の性質**

四角形が円に内接するとき，次の性質が成り立つ。

(i) 1組の対角の和が180°である。
   図1で，∠A+∠C=180°
   　　　　∠B+∠D=180°

(ii) 1つの内角はその向かい合う内角の外角に等しい。
   図2で，∠A=∠ECD など

② **四角形が円に内接するための条件**

四角形は，次の(i), (ii), (iii)のいずれか1つが成り立てば，円に内接する。

(i) 向かい合う1組の内角の和が180°である。
(ii) 1つの内角がその向かい合う内角の外角に等しい。
(iii) 円周角の定理の逆が成り立つ。

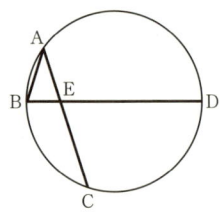

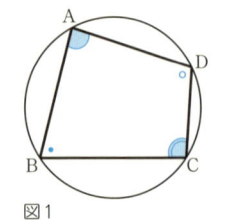

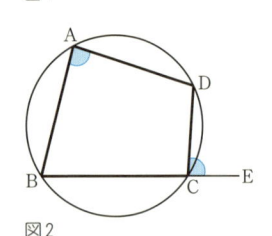

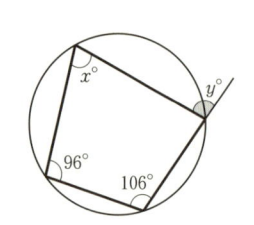

例 右の図で，x，y の値を求めてみよう。
四角形は円に内接するから，
$$x+106=180$$
$$x=74$$
1つの内角はその向かい合う内角の外角に等しいから，
$$y=96$$

問5 次の図の円Oで，x，yの値を求めよ。

(1) $\overparen{AB} = 2\overparen{DA}$

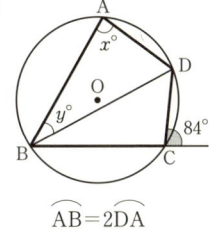

(2)

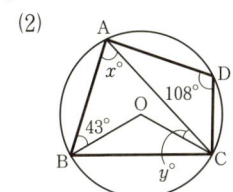

(3) 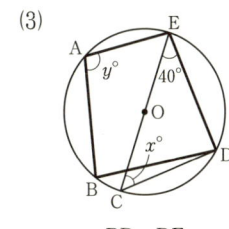 $\overparen{BD} = \overparen{DE}$

例題3　円に内接する四角形

右の図で，四角形 ABCD は円に内接している。
$\angle APD = 34°$，$\angle AQB = 50°$ のとき，四角形 ABCD の4つの内角の大きさを求めよ。

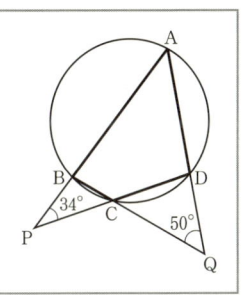

[解説]　$\angle A = x°$ として，$\angle BCP$，$\angle CBP$ を $x°$ を用いて表す。

[解答]　$\angle A = x°$ とすると，四角形 ABCD は円に内接するから，
　　　　$\angle BCP = x°$　………①
　　△ABQ で，$\angle QBP = \angle A + \angle AQB = x° + 50°$　………②
　　△PCB で，①，②より，$34 + x + (x + 50) = 180$　　　$2x = 96$
　　　　　　$x = 48$　………③
　　よって，$\angle BCD = 180° - \angle A = 180° - 48° = 132°$
　　②，③より，$\angle CBP = 48° + 50° = 98°$
　　ゆえに，$\angle ADC = \angle CBP = 98°$，$\angle ABC = 180° - 98° = 82°$
　　　　　　（答）　$\angle A = 48°$，$\angle B = 82°$，$\angle C = 132°$，$\angle D = 98°$

演習問題

12 次の図の円Oで，x，yの値を求めよ。

(1)

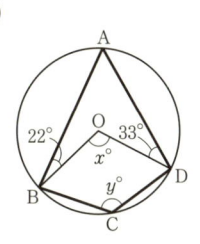

(2)

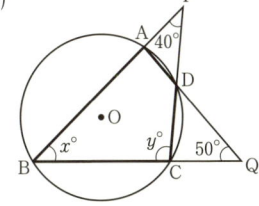

(3) 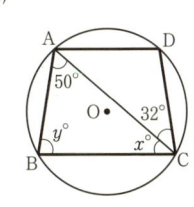 AD ∥ BC

1—円の性質

13 右の図のように，半径 3cm の円 O に内接する四角形 ABCD がある。対角線の交点を E とし，AB＝AD，CA＝CD，∠BAD＝100° のとき，次の問いに答えよ。 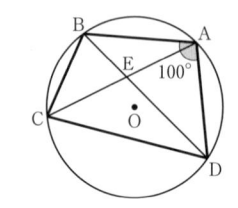
(1) ∠BEC の大きさを求めよ。
(2) $\overparen{AB}$ の長さを求めよ。

14 右の図のように，AD∥BC，AD＝DC＝6cm の四角形 ABCD が円 O に内接している。円 O の直径 AE と辺 BC との交点を F，∠ABC＝70° とするとき，次の問いに答えよ。 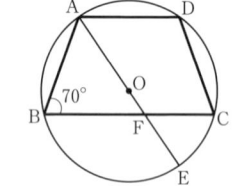
(1) ∠BAE の大きさを求めよ。
(2) 線分 BF の長さを求めよ。
(3) $\overparen{AB}:\overparen{CE}$ を求めよ。

15 右の図の四角形 ABCD で，∠BAD＝80°，∠CBD＝20°，∠BDC＝60° であるとき，∠CAD の大きさを求めよ。

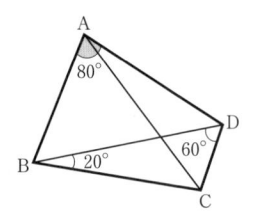

16 右の図の四角形 ABCD において，∠ABC＝76°，∠BCD＝80°，∠AEB＝94°，∠ABD＝∠ACD である。このとき，∠BAD，∠ABD の大きさを求めよ。

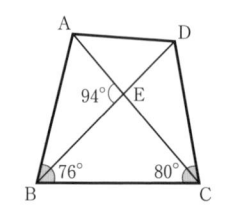

(5) 円と接線

円外の点から円に 2 本の接線をひくとき，次の性質が成り立つ。

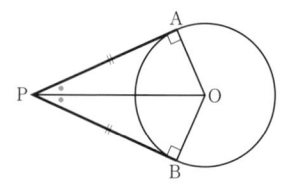

① 2 本の接線の長さが等しい。
② 2 本の接線のつくる角は，その円外の点と円の中心とを結ぶ直線によって 2 等分される。

右の図で，PA，PB を円 O の接線，A，B を接点とするとき，
PA＝PB，∠OPA＝∠OPB

例 右の図で，PA と PB は点 P から円 O にひいた接線，A，B は接点のとき，x の値を求めてみよう。

$$\angle AOB = 180° - 34° = 146°$$
$$\angle ACB = \frac{1}{2}\angle AOB \text{ より，} x = 73$$

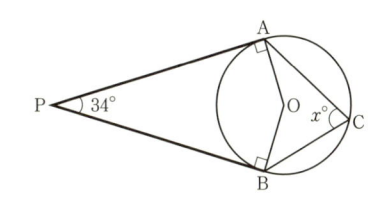

問 6 次の図で，PA と PB は点 P から円 O にひいた接線，A，B は接点，C は円周上の点である。このとき，x，y の値を求めよ。

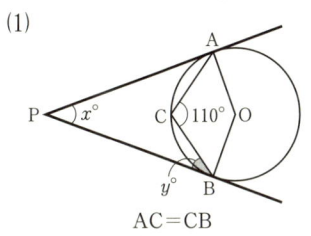

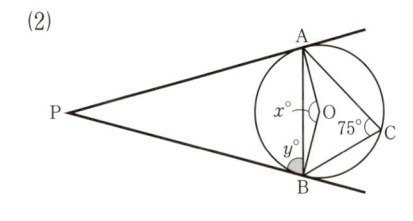

(1) AC＝CB

(2)

例 右の図で，AB は円 O の接線であり，P は接点である。このとき，x の値を求めてみよう。

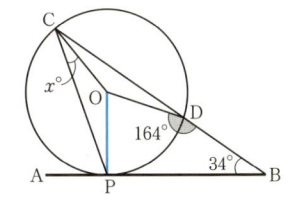

点 O と P を結ぶと，∠OPB＝90° より，
$$\angle POD = 360° - (90° + 164° + 34°)$$
$$= 72°$$
また，∠OCD＝∠ODC＝180°－164°＝16°
よって，$2(x+16) = 72$ 　　$x = 20$

演習問題

17 次の図で，x の値を求めよ。ただし，ℓ は円 O の接線で，P は接点である。

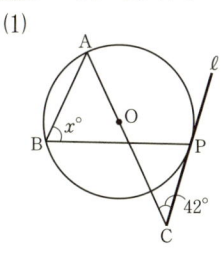

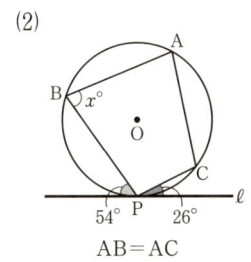

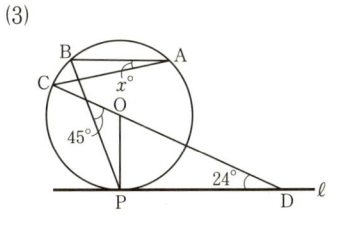

(1)　(2) AB＝AC　(3)

例題4　接線の長さ

右の図のように，ABを直径とする半円があり，点A，Bにおける接線と円周上の点Cにおける接線との交点をそれぞれD，Eとする。また，点Cから直径ABに垂線CFをひく。AD＝4cm，BE＝6cm のとき，線分CFの長さを求めよ。

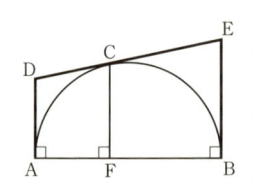

解説　円外の点からひいた接線の長さは等しいから，DC＝DA，EC＝EB である。

解答　円外の点からひいた接線の長さは等しいから，
$$DC=DA=4, \quad EC=EB=6$$
線分BDとCFとの交点をGとすると，

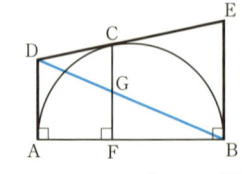

CG∥EB より，CG：EB＝DC：DE＝4：10＝2：5　　よって，$CG=\dfrac{2}{5}EB=\dfrac{12}{5}$

DA∥GF より，GF：DA＝BG：BD＝EC：ED＝6：10＝3：5

よって，$GF=\dfrac{3}{5}DA=\dfrac{12}{5}$　　ゆえに，$CF=CG+GF=\dfrac{24}{5}$　　（答）$\dfrac{24}{5}$ cm

演習問題

18　右の図で，円Oは△ABCの内接円であり，D，E，Fは接点である。AB＝8cm，BC＝11cm，AC＝9cm のとき，線分AE，CDの長さを求めよ。

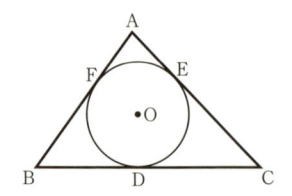

19　右の図で，PA，PB，DE はそれぞれA，B，Cを接点とする円Oの接線である。
AP＝15cm のとき，△PDEの周の長さを求めよ。

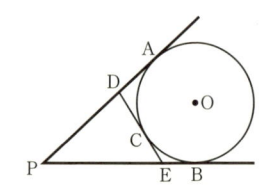

20　右の図のように，△ABCに内接する円Oがある。円Oと辺BCとの接点をD，線分BO，COと円Oとの交点をそれぞれE，Fとする。∠BAO＝24° であるとき，∠EOF，∠EDFの大きさを求めよ。

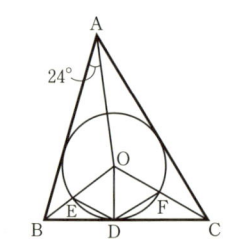

> **コラム** 知っておきたい定理（接弦定理）
> 円の接線と弦のつくる角について，
> 次の**接弦定理**が成り立ちます。

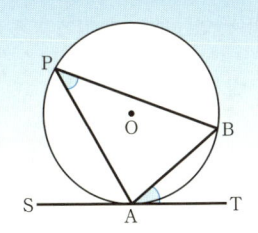

　円の接線とその接点を通る弦のつくる角の大きさは，その角の内部にある弧に対する円周角の大きさに等しい。

　右の図で，ST が点 A における円 O の接線であるとき，∠BAT＝∠APB

[証明] (i) ∠BAT＜90°のとき，点 A を通る円 O の直径を AC とすると，∠ABC＝90°より，
$$\angle ACB + \angle CAB = 90° \quad \cdots\cdots ①$$
A は接点であるから，∠CAT＝90°
よって，$\angle BAT + \angle CAB = 90° \quad \cdots\cdots ②$
①，②より，∠BAT＝∠ACB
また，∠ACB＝∠APB（$\overset{\frown}{AB}$ に対する円周角）
ゆえに，∠BAT＝∠APB

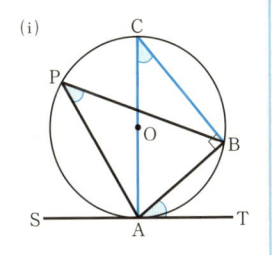

(ii) ∠BAT＝90°のとき，AB は円 O の直径であるから，
$$\angle APB = 90°$$
ゆえに，∠BAT＝∠APB

(iii) ∠BAT＞90°のとき，$\overset{\frown}{APB}$ に対する円周角を∠ACB とすると，
$$\angle APB = 180° - \angle ACB$$
また，　∠BAT＝180°−∠BAS
∠BAT＞90°より，∠BAS＜90°
(i)より，∠BAS＝∠ACB であるから，∠BAT＝∠APB

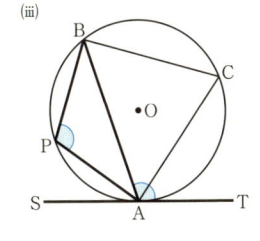

例　右の図で，点 A における円 O の接線を ST とする。
　　∠ACB は，∠BAT の内部にある $\overset{\frown}{AB}$ の
　　円周角であるから，接弦定理より，
$$\angle BAT = \angle ACB$$
　　ゆえに，$x = 43$

　　∠ABC は，∠CAS の内部にある $\overset{\frown}{AC}$ の
　　円周角であるから，接弦定理より，
$$\angle CAS = \angle ABC$$
　　ゆえに，$y = 61$

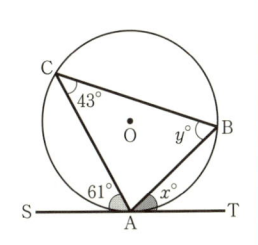

● **相似の利用**

円の内部につくられたいくつかの三角形が相似になることを，円周角の定理を用いて示すことができる。ここでは，三角形の相似を利用する問題を扱う。

例 右の図の円で，弦 AD と BC との交点を P とし，PA＝4cm，PB＝7cm，PC＝6cm のとき，線分 PD の長さを求めてみよう。

△ABP と △CDP において，

$\qquad$ ∠ABP＝∠CDP（$\overparen{AC}$ に対する円周角）
$\qquad$ ∠APB＝∠CPD（対頂角）

よって，△ABP∽△CDP（2角）であるから，
$\qquad$ PA：PC＝PB：PD　　　4：6＝7：PD　　　4PD＝42

ゆえに，PD＝$\dfrac{21}{2}$cm

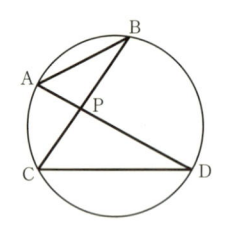

問7 右の図の円で，弦 AB と CD との交点を E とし，CE＝4cm，BE＝6cm のとき，△ACE：△DBE を求めよ。

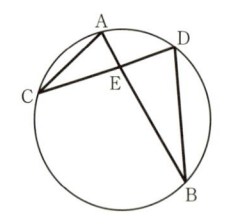

問8 右の図の円で，弦 AB と CD との交点を P とする。AB＝11cm，BC＝12cm，AD＝8cm，DP＝4cm のとき，線分 PB，PC の長さを求めよ。

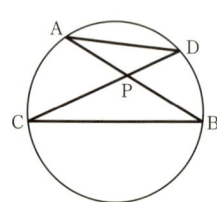

例題5 相似の利用

右の図のように，円周上に4点 A，B，C，D がある。線分 BD 上に AB∥EC となる点 E をとり，線分 AC と BD との交点を F とする。

(1) △ACD∽△BEC であることを証明せよ。
(2) AB＝BC＝7cm，CD＝5cm，BD＝10cm のとき，線分 AD の長さを求めよ。

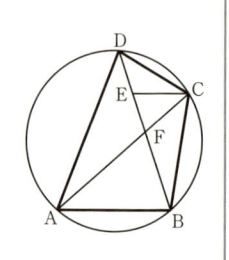

66 ●●● 3章—円の性質と三平方の定理

|解説| (2) △AFD∽△BCD より，FD：DA＝1：2 となる。
　　　△ABD∽△FBA であることを利用する。
|解答| (1) △ACD と △BEC において，∠ACD＝∠ABD（$\overset{\frown}{AD}$ に対する円周角）
　　　　　AB∥EC より，∠ABD＝∠BEC（錯角）
　　　　　よって，∠ACD＝∠BEC
　　　　　　　　　∠DAC＝∠CBE（$\overset{\frown}{CD}$ に対する円周角）
　　　　　ゆえに，△ACD∽△BEC（2角）
　　(2) △AFD と △BCD において，∠DAF＝∠DBC（$\overset{\frown}{CD}$ に対する円周角）
　　　　　AB＝BC より，∠ADF＝∠BDC
　　　　　よって，△AFD∽△BCD（2角）であるから，
　　　　　　　FD：DA＝CD：DB＝5：10＝1：2
　　　　　FD＝x cm とすると，DA＝$2x$，BF＝$10-x$
　　　　　△ABD と △FBA において，∠ABD＝∠FBA（共通）
　　　　　また，AB＝BC より，∠ADB＝∠FAB
　　　　　よって，△ABD∽△FBA（2角）であるから，
　　　　　　　BD：BA＝BA：BF　　10：7＝7：(10－x)　　10(10－x)＝49
　　　　　$x=\dfrac{51}{10}$ より，AD＝$\dfrac{51}{5}$

（答）$\dfrac{51}{5}$ cm

演習問題

21 右の図のように，円の周上に4点 A，B，C，D があり，線分 AC と BD との交点を E とする。
　AE＝5cm，BE＝7cm，CE＝3cm のとき，線分 DE の長さを求めよ。

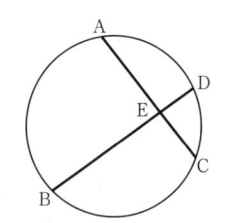

22 右の図のように，円に内接する四角形 ABCD があり，AB＝AD＝5cm，BC＝7cm，CA＝8cm とする。
　対角線 AC と BD との交点を E とするとき，次の問いに答えよ。
(1) △ABE∽△ACB であることを証明せよ。
(2) 辺 CD の長さを求めよ。

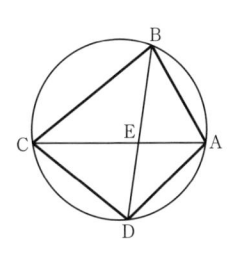

23 右の図のように，円周上に4点 A，B，C，D があり，線分 AD の延長と BC の延長との交点を E とすると，AD＝DE となる。線分 AC と BD との交点を F とする。

　AB＝AC＝10cm のとき，線分 AD の長さを求めよ。

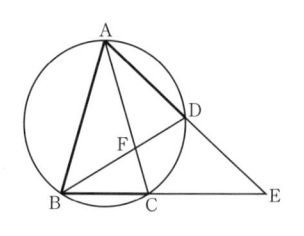

24 右の図のように，円周上に4点 A，B，C，D がある。弦 BD 上に AE∥BC となるような点 E をとり，線分 AC と BD との交点を F とする。
(1) △ABE∽△DCA であることを証明せよ。
(2) AB：CD＝4：5，EF：FB＝1：2 のとき，△AFE と四角形 ABCD の面積の比を求めよ。

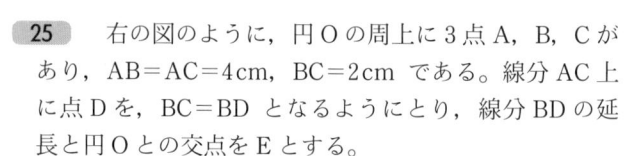

25 右の図のように，円 O の周上に3点 A，B，C があり，AB＝AC＝4cm，BC＝2cm である。線分 AC 上に点 D を，BC＝BD となるようにとり，線分 BD の延長と円 O との交点を E とする。

　線分 AB 上に点 F を，AE∥FC となるようにとり，線分 BE と CF との交点を G とする。
(1) 線分 CD，AE の長さを求めよ。
(2) AE：FG を求めよ。

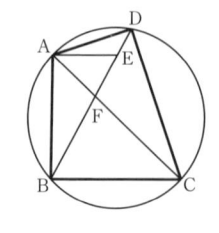

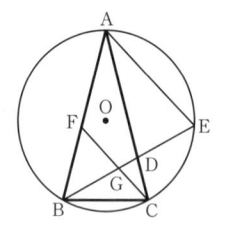

2 三平方の定理

1 三平方の定理（ピタゴラスの定理）

三平方の定理（ピタゴラスの定理）とその利用について学習する。

(1) 三平方の定理

直角三角形の 3 辺の長さの間には，次の三平方の定理が成り立つ。

直角三角形の直角をはさむ 2 辺の長さを a, b, 斜辺の長さを c とするとき，
$$a^2 + b^2 = c^2$$
である。

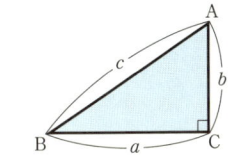

例　右の図の ∠C＝90° の直角三角形 ABC で，
(1) $a=6$, $b=4$ とすると， 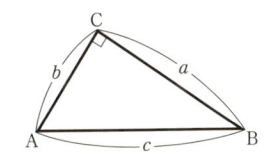
$$6^2 + 4^2 = c^2 \qquad c^2 = 36 + 16 = 52$$
$$c = \pm 2\sqrt{13}$$
$c > 0$ より，$c = 2\sqrt{13}$

(2) $c=10$, $b=5$ とすると，
$$a^2 + 5^2 = 10^2 \qquad a^2 = 100 - 25 = 75$$
$$a = \pm 5\sqrt{3}$$
$a > 0$ より，$a = 5\sqrt{3}$

(2) 三平方の定理の逆

三角形において，次の三平方の定理の逆が成り立つ。

△ABC の 3 辺の長さを a, b, c とするとき，

$a^2 + b^2 = c^2$ ならば △ABC は ∠C＝90° の直角三角形

である。

例　直角三角形であるかどうかを調べてみよう。
(1) 3 辺の長さが 4cm，5cm，6cm の三角形は，
$$4^2 + 5^2 = 16 + 25 = 41 \qquad 6^2 = 36$$
ゆえに，$4^2 + 5^2 \neq 6^2$ であるから，直角三角形ではない。

(2) 3 辺の長さが 5cm，12cm，13cm の三角形は，
$$5^2 + 12^2 = 25 + 144 = 169 \qquad 13^2 = 169$$
ゆえに，$5^2 + 12^2 = 13^2$ であるから，直角三角形である。

問9 次の図で，xの値を求めよ。

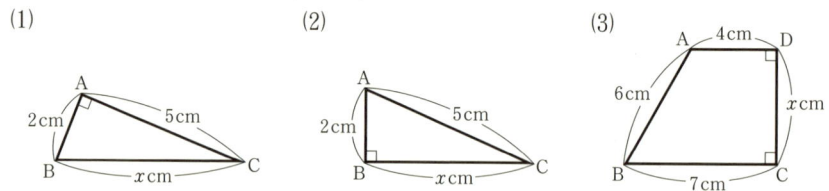

(1) (2) (3)

問10 3辺の長さが$(x+1)$cm，$(x-1)$cm，$(x-3)$cmである三角形が直角三角形になるようなxの値を求めよ。

(3) 特別な直角三角形の3辺の比

3つの角が$30°$，$60°$，$90°$の直角三角形と，$45°$，$45°$，$90°$の直角二等辺三角形の3辺の比は，図1，図2のようになる。

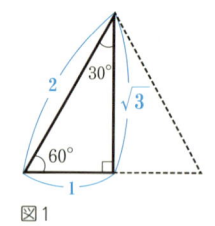

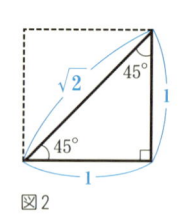

図1　図2

このことから，図3のような1辺の長さがaの正三角形の面積は，

$$\frac{1}{2} \times a \times \frac{\sqrt{3}}{2}a = \frac{\sqrt{3}}{4}a^2$$

となる。

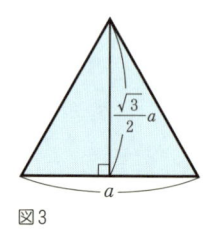

図3

例 右の図で，x，y，zの値を求めてみよう。

$\triangle ABC$は$\angle ABC = 90°$，$\angle A = 30°$，$\angle ACB = 60°$の直角三角形であるから，

$$5 : x = 1 : 2$$
$$x = 10$$

また，　$5 : y = 1 : \sqrt{3}$
$$y = 5\sqrt{3}$$

$\triangle BDC$は$\angle CBD = 90°$の直角二等辺三角形であるから，

$$5 : z = 1 : \sqrt{2}$$
$$z = 5\sqrt{2}$$

問11　右の図の半径 4cm の四分円で，$\overset{\frown}{AB}$ 上に点 C を，$\overset{\frown}{AC} : \overset{\frown}{CB} = 1 : 2$ となるようにとり，C から辺 OB に垂線 CD をひく。このとき，影の部分の面積を求めよ。

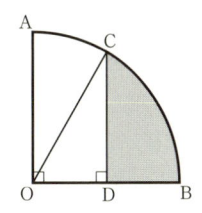

演習問題

26　縦 30cm，横 45cm の長方形 ABCD がある。右の図のように，辺 BC 上の点 O を中心とする半径 30cm のおうぎ形 OBE をかくとき，$\overset{\frown}{BE}$ の長さを求めよ。ただし，E は辺 CD 上の点である。

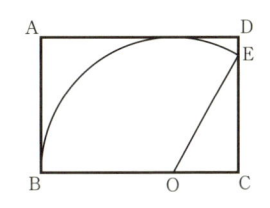

27　右の図のように，長さ 4cm の AB を直径とする半円 O があり，$\overset{\frown}{AB}$ を 3 等分する点のうち，B に近い点を P とする。
(1) 線分 AP の長さを求めよ。
(2) 影の部分の面積を求めよ。

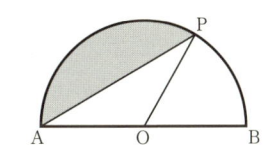

(4) 円の弦の長さ

半径 r の円 O で，中心 O からの距離が d（$d < r$）である弦の長さを ℓ とするとき，
$$\ell = 2\sqrt{r^2 - d^2}$$

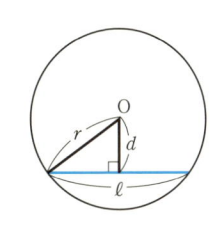

問12　次の問いに答えよ。
(1) 半径 6cm の円で，中心からの距離が 4cm の弦の長さを求めよ。
(2) 半径 9cm の円で，弦の長さが 12cm のとき，円の中心から弦までの距離を求めよ。

問13　右の図のように，同じ点 O を中心とする 2 つの円がある。AB は外側の円の弦で，内側の円に接している。AB = 10cm のとき，影の部分の面積を求めよ。

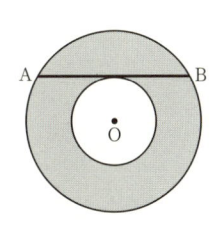

演習問題

28 右の図のように，半径 2cm の円 O が正方形 ABCD の頂点 D を通り，辺 AB，BC に接している。
(1) 正方形の 1 辺の長さを求めよ。
(2) 影の部分の面積を求めよ。

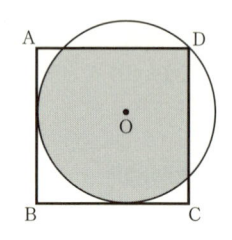

(5) 円の接線の長さ

半径 r の円 O で，中心 O から円外の点 P までの距離が d（$d>r$）であるとき，P から円 O にひいた接線の長さを ℓ とすると，

$$\ell = \sqrt{d^2 - r^2}$$

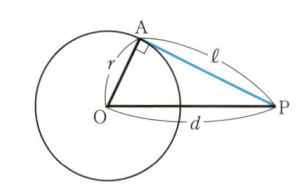

問14 右の図のように，半径が 6cm の円 O に，2本の接線 PA，PB をひく。
(1) OP=8cm のとき，PA の長さを求めよ。
(2) OP=12cm のとき，影の部分の面積を求めよ。

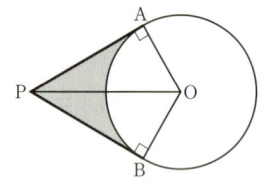

2 平面図形への応用

三平方の定理を利用して，平面図形のいろいろな問題を解いてみよう。

例題6　平面図形への応用①

右の図のように，1 辺の長さが 12cm の正三角形 ABC を，頂点 A が辺 BC 上の点 D に重なるように折る。CD=4cm のとき，線分 BE の長さを求めよ。

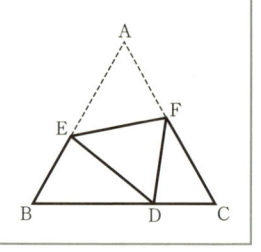

解説 点 E から辺 BC に垂線 EG をひく。BE=x cm とすると，DE=AE=12$-x$，BG=$\dfrac{1}{2}x$，EG=$\dfrac{\sqrt{3}}{2}x$ となり，△EGD に三平方の定理を用いる。

解答 点 E から辺 BC に垂線 EG をひき，BE＝$x$cm とすると，
$$DE=AE=12-x$$
△BGE で，∠EBG＝60° より，
$$BG:BE:EG=1:2:\sqrt{3}$$
よって，BG＝$\frac{1}{2}x$，EG＝$\frac{\sqrt{3}}{2}x$

直角三角形 EGD において，三平方の定理より，
$$\left(8-\frac{1}{2}x\right)^2+\left(\frac{\sqrt{3}}{2}x\right)^2=(12-x)^2 \qquad 16x=80$$
$$x=5 \qquad\qquad\qquad\qquad\text{（答）}\ 5\,\text{cm}$$

別解 △BDE と △CFD において，∠EBD＝∠DCF＝60°
$$\angle BDE=180°-(\angle EDF+\angle FDC)$$
$$=180°-(60°+\angle FDC)$$
$$=\angle CFD$$
よって，△BDE∽△CFD（2角）
BE＝$x$cm とすると，DE＝12－x
$$BD:CF=BE:CD=DE:FD \qquad 8:CF=x:4=(12-x):FD$$
よって，CF＝$\frac{32}{x}$，FD＝$\frac{4(12-x)}{x}$

CF＋FD＝12 より，$\frac{32}{x}+\frac{4(12-x)}{x}=12 \qquad 80-4x=12x$
$$x=5 \qquad\qquad\qquad\qquad\text{（答）}\ 5\,\text{cm}$$

演習問題

29 右の図の AB＝7cm，BC＝8cm，CA＝5cm の △ABC で，辺 BC の中点を M とし，頂点 A から辺 BC に垂線 AH をひく。
(1) 線分 CH，AM の長さを求めよ。
(2) △ABC の面積を求めよ。

30 右の図のような正方形 ABCD がある。辺 BC，CD 上にそれぞれ点 E，F をとり，正三角形 AEF をつくる。
　△ECF の面積が 18 cm² のとき，正方形 ABCD の 1 辺の長さを求めよ。

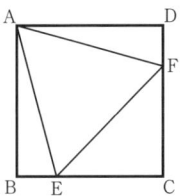

31 AB=8cm，BC=6cm の長方形の紙がある。この紙を頂点Cを通る線分を折り目として，次のように折り重ねる。このとき，影の部分の面積を求めよ。
(1) 図1のように，対角線ACを折り目として折る。
(2) 図2のように，頂点Dが辺AB上にくるように折る。

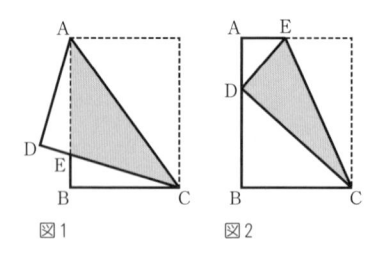

図1　　図2

32 右の図のように，AB=BC=1cm，∠ABC=90° の直角三角形を線分DEで折り曲げると，ちょうど頂点Aが辺BCの中点Mに重なった。
(1) 線分DMの長さを求めよ。
(2) 線分AEの長さを求めよ。
(3) 線分DEの長さを求めよ。

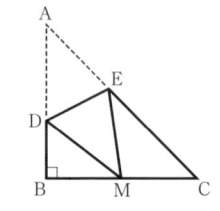

33 右の図で，2つの円O，Pが外接し，直線 ℓ は点A，Bで円O，Pに接している。円O，Pの半径がそれぞれ3cm，2cmのとき，線分ABの長さを求めよ。

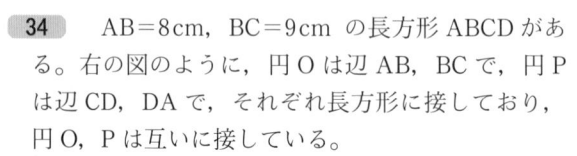

34 AB=8cm，BC=9cm の長方形ABCDがある。右の図のように，円Oは辺AB，BCで，円Pは辺CD，DAで，それぞれ長方形に接しており，円O，Pは互いに接している。
円Pの半径が2cmのとき，円Oの半径を求めよ。

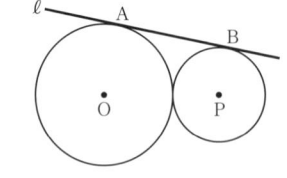

35 右の図のように，円Oは△ABCに3辺で接し，円Pは辺AB，BCと円Oに接する。また，AB=BC=25cm，AC=14cm とする。
(1) △ABCの面積を求めよ。
(2) 円Oの半径を求めよ。
(3) 円Pの半径を求めよ。

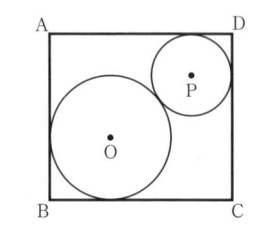

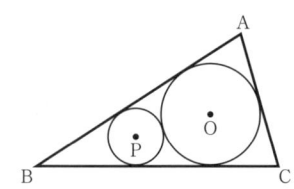

例題7　平面図形への応用②

右の図のように，∠C＝∠D＝90°の台形 ABCD に，半径 2cm の円 O が 4 点 E, F, G, H で内接している。EB＝EF のとき，次の問いに答えよ。

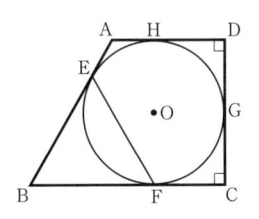

(1) △EBF の面積を求めよ。
(2) 台形 ABCD の面積を求めよ。

解説　(1) E, F が円 O の接点であるから，BE＝BF である。
EB＝EF より，△EBF は正三角形である。
よって，直角三角形 OBF で，∠OBF＝30° である。

(2) 頂点 A から辺 BC に垂線 AI をひく。直角三角形 ABI で，∠ABI＝60° である。

解答　(1) E, F が円 O の接点であるから，BE＝BF である。
EB＝EF より，△EBF は正三角形である。
よって，直角三角形 OBF において，

$$\angle OBF = \frac{1}{2} \times 60° = 30°$$

OF : OB : BF ＝ 1 : 2 : $\sqrt{3}$　より，

BF ＝ $\sqrt{3}$ OF ＝ $2\sqrt{3}$

ゆえに，△EBF ＝ $\frac{\sqrt{3}}{4}$ BF^2 ＝ $3\sqrt{3}$

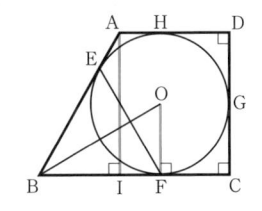

（答）　$3\sqrt{3}$ cm^2

(2) 頂点 A から辺 BC に垂線 AI をひくと，直角三角形 ABI において，
∠ABI＝60° であるから，

$$BI = \frac{1}{\sqrt{3}} AI = \frac{4\sqrt{3}}{3}$$

よって，台形 ABCD において，

BC ＝ BF ＋ FC ＝ $2\sqrt{3} + 2$

AD ＝ IF ＋ FC ＝ $\left(2\sqrt{3} - \frac{4\sqrt{3}}{3}\right) + 2 = \frac{2\sqrt{3} + 6}{3}$

ゆえに，(台形 ABCD) ＝ $\frac{1}{2}$(AD＋BC)×4 ＝ $2\left(\frac{2\sqrt{3}+6}{3} + 2\sqrt{3} + 2\right)$

$$= \frac{24 + 16\sqrt{3}}{3}$$

（答）　$\dfrac{24+16\sqrt{3}}{3}$ cm^2

演習問題

36 右の図のように，AD∥BC，AB=DC である台形 ABCD に，円 O が内接している。
AD=3cm，BC=7cm のとき，次の問いに答えよ。
(1) 辺 AB の長さを求めよ。
(2) 円 O の面積を求めよ。

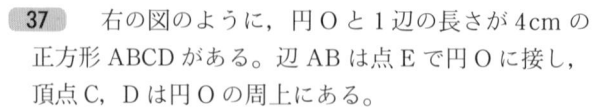

37 右の図のように，円 O と 1 辺の長さが 4cm の正方形 ABCD がある。辺 AB は点 E で円 O に接し，頂点 C，D は円 O の周上にある。
(1) 円 O の半径を求めよ。
(2) 影の部分の面積を求めよ。

38 右の図のように，1 辺の長さが 5cm の正三角形の 2 つの辺に，半径 $\sqrt{3}$ cm の円 O が接している。
(1) ㋐の面積を求めよ。
(2) ㋑の面積を求めよ。

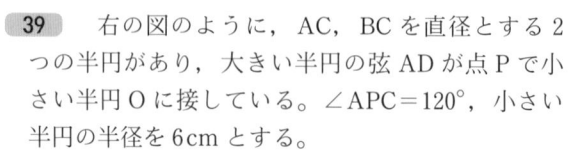

39 右の図のように，AC，BC を直径とする 2 つの半円があり，大きい半円の弦 AD が点 P で小さい半円 O に接している。∠APC=120°，小さい半円の半径を 6cm とする。
(1) ∠PAC の大きさを求めよ。
(2) 大きい円の半径を求めよ。
(3) 影の部分の面積を求めよ。

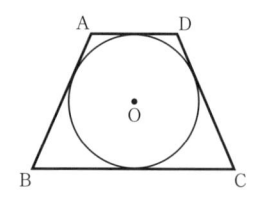

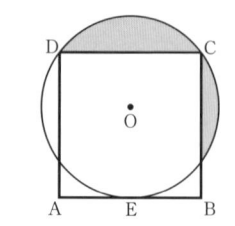

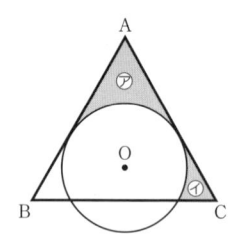

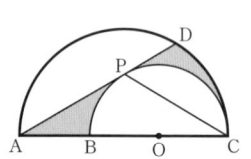

例題8　平面図形への応用③

右の図のように，AB=6cm を直径とする円 O の周上に，AB⊥CO となる点 C をとる。AB 上に点 D を，AD：DB=2：1 となるようにとる。線分 CD の延長と円 O との交点を E とする。
(1) 線分 CD の長さを求めよ。
(2) 線分 BE の長さを求めよ。
(3) △ADE の面積を求めよ。

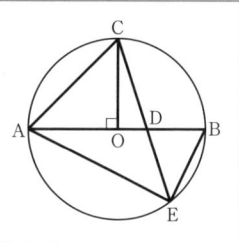

[解答] (1) AB=6, AD:DB=2:1 より, AD=4, DB=2
よって, OD=4−3=1
△OCD は直角三角形であるから,
$$CD=\sqrt{OC^2+OD^2}=\sqrt{3^2+1^2}=\sqrt{10}$$
(答) $\sqrt{10}$ cm

(2) △OAC は直角二等辺三角形であるから,
$$AC=\sqrt{2}\,OA=3\sqrt{2}$$
△ACD∽△EBD より,
AC:EB=CD:BD
よって, $3\sqrt{2}:EB=\sqrt{10}:2$ より,
$$EB=\frac{3\sqrt{2}\times 2}{\sqrt{10}}=\frac{6\sqrt{5}}{5}$$
(答) $\dfrac{6\sqrt{5}}{5}$ cm

(3) AB が直径であるから, ∠AEB=90°
$$AE=\sqrt{AB^2-BE^2}=\sqrt{6^2-\left(\frac{6\sqrt{5}}{5}\right)^2}=\frac{12\sqrt{5}}{5}$$ より,
$$\triangle ABE=\frac{1}{2}\times\frac{12\sqrt{5}}{5}\times\frac{6\sqrt{5}}{5}=\frac{36}{5}$$
△ABE:△ADE=AB:AD=3:2 より,
$$\triangle ADE=\frac{2}{3}\triangle ABE=\frac{2}{3}\times\frac{36}{5}=\frac{24}{5}$$
(答) $\dfrac{24}{5}$ cm²

演習問題

40 右の図で, 四角形 ABCD は BD を直径とする円 O に内接する。対角線 AC と BD との交点を P とし, AB=7cm, CD=2cm, DA=6cm とする。
(1) 円 O の半径を求めよ。
(2) 四角形 ABCD の面積を求めよ。
(3) 線分比 AP:PC を求めよ。

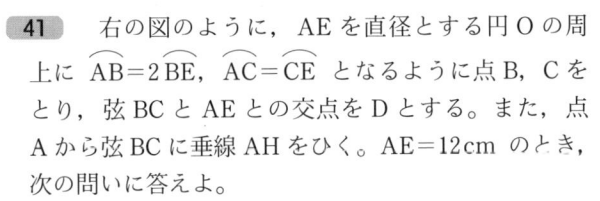

41 右の図のように, AE を直径とする円 O の周上に $\overparen{AB}=2\overparen{BE}$, $\overparen{AC}=\overparen{CE}$ となるように点 B, C をとり, 弦 BC と AE との交点を D とする。また, 点 A から弦 BC に垂線 AH をひく。AE=12cm のとき, 次の問いに答えよ。
(1) 線分 AH の長さを求めよ。
(2) CH:HB を求めよ。
(3) 面積の比 △ACD:△BED を求めよ。

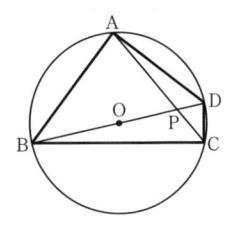

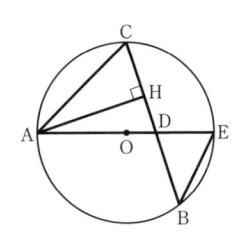

42 右の図のように，ABを直径とする円Oに AB=12cm，CD=DA=4cm の四角形 ABCD が内接している。対角線 AC と BD との交点を E とする。
　このとき，次の長さを求めよ。 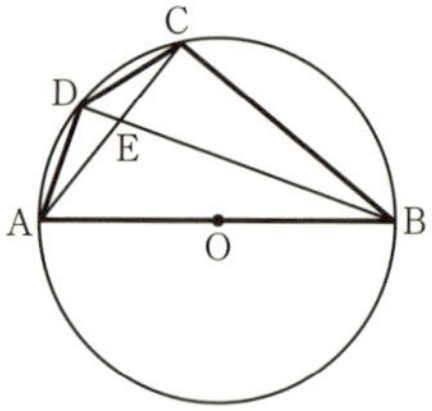
(1) 対角線 BD　　(2) 線分 DE
(3) 辺 BC　　　　(4) 対角線 AC

43 右の図のように，AB=12cm，BC=10cm，CA=8cm の △ABC が円に内接している。∠A の二等分線が辺 BC と交わる点を D，円と交わる点を E とし，頂点 A から辺 BC に垂線 AH をひく。 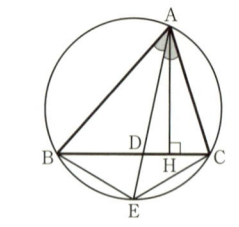
(1) 線分 CH の長さを求めよ。
(2) 線分 BD の長さを求めよ。
(3) 線分 AD の長さを求めよ。　(4) △ABE の面積を求めよ。

3　空間図形への応用

三平方の定理を利用して，立体の体積や表面積を求めてみよう。

(1) 立方体と直方体の対角線の長さ
　① 1辺の長さが a の立方体の対角線の長さは，
　　　$\sqrt{3}\,a$
　② 3辺の長さが a, b, c の直方体の対角線の長さは，
　　　$\sqrt{a^2+b^2+c^2}$

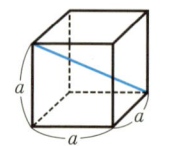

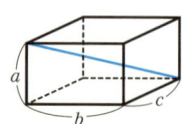

問15 右の図の AB=12cm，AD=AE=4cm の直方体 ABCD-EFGH において，辺 CD 上に点 P を，CP:PD=2:1 となるようにとる。
(1) 線分 PE の長さを求めよ。 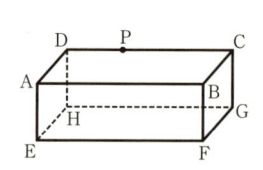
(2) 線分 PF の長さを求めよ。

(2) 円すいの高さ
　右の図のような，底面の半径が r，母線の長さが ℓ の円すいの高さは，
　　　$\sqrt{\ell^2-r^2}$

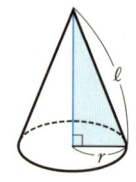

問16 右の図は円すいの展開図で，おうぎ形 OAB の中心角は 60°，OA＝18cm である。この展開図を組み立ててできる円すいの体積を求めよ。

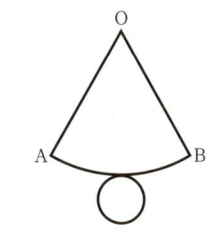

(3) 正四角すいの高さ
右の図のような，底面の 1 辺の長さが a，側面の 1 辺の長さが b の正四角すいの高さは，

$$\sqrt{b^2-\frac{1}{2}a^2}$$

問17 右の図は，1 辺の長さが 6cm の正方形を底面とし，等しい辺の長さが 9cm の二等辺三角形を側面とする正四角すいの展開図である。この正四角すいの体積を求めよ。

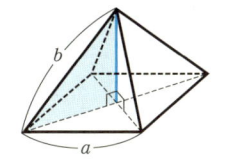

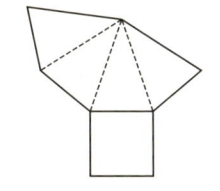

(4) 球の切り口の円の半径と面積
半径 r の球を，中心 O から d（$d<r$）の距離にある平面で切ったとき，
　　　　切り口の円の半径は，$\sqrt{r^2-d^2}$
　　　　切り口の円の面積は，$\pi(r^2-d^2)$

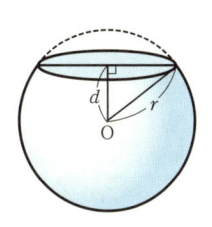

問18 半径が 6cm の球を，球の中心から 4cm の距離にある平面で切ったとき，切り口の円の半径と面積を求めよ。

問19 図 1 のような ∠A＝120°，AB＝12cm のおうぎ形 ABC から底面のない円すいをつくり，図 2 のように，円すいが半径 $2\sqrt{6}$ cm の球 O にぴったり接するようにのせる。
このとき，点 O と A の距離を求めよ。

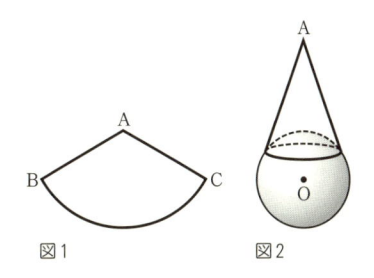

(5) **相似な立体図形の相似比と体積の比，表面積の比**

相似な立体図形の体積の比と表面積の比について，次の性質が成り立つ。

2つの相似な立体の相似比が $m:n$ のとき，

体積の比は，　$m^3:n^3$

表面積の比は，$m^2:n^2$

問20 右の図のように，三角すいの底面に平行な平面で高さを3等分するように切ってできる立体を，上から㋐, ㋑, ㋒とする。

(1) ㋐, ㋑, ㋒の体積の比を求めよ。
(2) ㋐, ㋑, ㋒の側面積の比を求めよ。

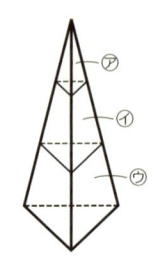

例題9　空間図形への応用①

右の図のような1辺の長さが 2cm の正四面体 ABCD がある。頂点 A から辺 BD, CD, AC 上を通り，頂点 B にいたる最短距離を求めよ。

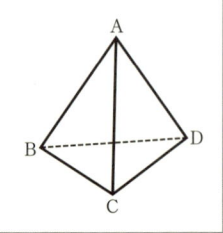

[解説] 正四面体の展開図上で，点 A と B を結ぶ線分の長さが最短距離になる。

[解答] 右の図のように，正四面体 ABCD の展開図をつくると，求める最短距離は点 A と B′ の間の距離である。

点 A から線分 B′B の延長上に垂線 AH をひくと，∠ABH=60°, AB=2 より，

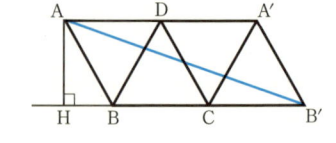

　　　$AH=\sqrt{3}$
　　　$BH=1$

ゆえに，$AB'=\sqrt{AH^2+B'H^2}$
　　　　　　$=\sqrt{(\sqrt{3})^2+5^2}$
　　　　　　$=2\sqrt{7}$

　　　　　　　　　　　　　　　　（答）$2\sqrt{7}$ cm

演習問題

44 底面の直径が 4 cm，体積が $\dfrac{16\sqrt{2}}{3}\pi$ cm³ の円すいがある。この円すいの側面に，右の図のように底面の周上の点 A を始点として，1 周して A にもどるように糸を巻く。 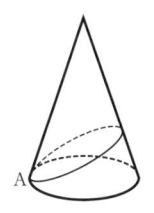
(1) この円すいの表面積を求めよ。
(2) 糸の長さが最も短くなるとき，その糸の長さを求めよ。

45 右の図のような，すべての辺の長さが 2 cm の正四角すい O–ABCD がある。辺 OA の中点を M，辺 BC の中点を N とする。 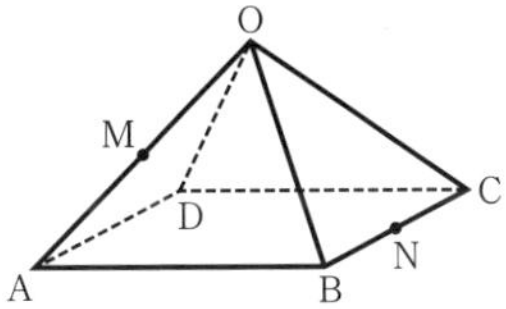
(1) 正四角すい O–ABCD の体積を求めよ。
(2) 線分 MN の長さを求めよ。
(3) 辺 OB 上に点 P を，MP＋PN が最小になるようにとるとき，△PMN の面積を求めよ。

46 * 右の図のような AB＝AD＝2 cm，AE＝4 cm の直方体 ABCD–EFGH がある。その表面に，㋐の糸を頂点 A から辺 BC 上を通って頂点 G まで，㋑の糸を A から辺 BF，CG，DH 上を通って頂点 E まで，それぞれゆるまないようにかける。 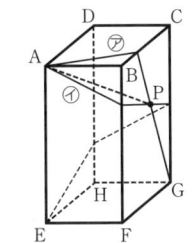
(1) ㋑の糸の長さは，㋐の糸の長さの何倍か。
(2) ㋐の糸と㋑の糸が交わっている A 以外の点を P とするとき，線分 AP の長さを求めよ。

例題10　空間図形への応用②

右の図のような AB＝6 cm，AD＝8 cm，AE＝6 cm の直方体 ABCD–EFGH があり，線分 AC の中点を M とする。 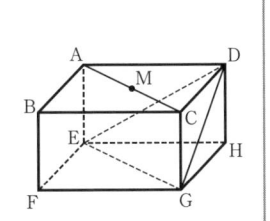
(1) △DEG の面積を求めよ。
(2) 三角すい G–CDM の体積を求めよ。
(3) 三角すい M–DEG の体積を求めよ。
(4) 点 M から △DEG へひいた垂線の長さを求めよ。

|解答| (1) $\quad DE = EG = \sqrt{6^2+8^2} = \sqrt{100} = 10$

$\qquad DG = \sqrt{6^2+6^2} = 6\sqrt{2}$

△DEG は DE=EG の二等辺三角形であり，頂点 E から辺 DG に垂線 EI をひくと，

$\qquad EI = \sqrt{10^2-(3\sqrt{2})^2} = \sqrt{82}$

ゆえに，$△DEG = \dfrac{1}{2} \times 6\sqrt{2} \times \sqrt{82}$

$\qquad\qquad\qquad = 6\sqrt{41}$ (答) $6\sqrt{41}$ cm^2

(2) $\quad △CDM = \dfrac{1}{2}△ACD = \dfrac{1}{2} \times \left(\dfrac{1}{2} \times 8 \times 6\right) = 12$

ゆえに，(三角すい G-CDM の体積) $= \dfrac{1}{3} \times 12 \times 6$

$\qquad\qquad\qquad\qquad\qquad\qquad = 24$ (答) 24 cm^3

(3) 三角すい M-DEG は，三角柱 ACD-EGH から，3つの三角すい G-CDM，E-ADM，D-EGH を切り取った立体である。

(三角柱 ACD-EGH の体積) $= \left(\dfrac{1}{2} \times 8 \times 6\right) \times 6 = 144$

(三角すい E-ADM の体積) $=$ (三角すい G-CDM の体積) $= 24$

(三角すい D-EGH の体積) $= \dfrac{1}{3} \times \left(\dfrac{1}{2} \times 8 \times 6\right) \times 6 = 48$

ゆえに，求める体積は，$144-(24+24+48) = 48$ (答) 48 cm^3

(4) 求める垂線の長さを h cm とすると，

(三角すい M-DEG の体積) $= \dfrac{1}{3} \times 6\sqrt{41} \times h = 2\sqrt{41}\,h$

$2\sqrt{41}\,h = 48$ より，$h = \dfrac{24}{41}\sqrt{41}$ (答) $\dfrac{24}{41}\sqrt{41}$ cm

演習問題

47 右の図のように AB=AC=BD=CD=7cm，AD=4cm，BC=6cm の四面体 ABCD があり，M は辺 AD の中点である。

(1) 線分 BM の長さを求めよ。
(2) △MBC の面積を求めよ。
(3) 四面体 ABCD の体積を求めよ。

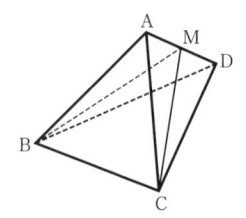

48 右の図のような1辺の長さが2cmの立方体 ABCD-EFGH において，辺 CG の中点を M とする。この立方体を平面 AFM で切ったとき，辺 CD との交点を N とする。 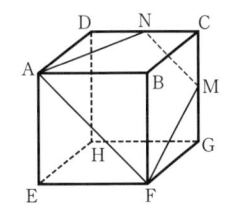
(1) 四角形 AFMN の周の長さを求めよ。
(2) 四角形 AFMN の面積を求めよ。
(3) 四角すい B-AFMN の体積を求めよ。
(4) 頂点 B から平面 AFM にひいた垂線の長さを求めよ。

49 右の図のように，半径 5cm の球の内部に高さ 8cm の円すいがあり，その頂点と底面の周が球に接している。 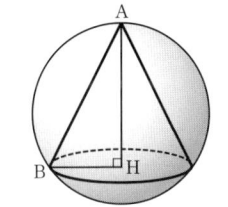
(1) 円すいの体積を求めよ。
(2) 円すいの側面積を求めよ。

50 右の図は，底面の半径が 3cm，高さが 4cm の円すいの一部を切り取ってできた立体である。 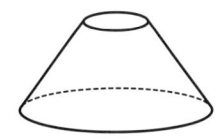
切り口が半径 1cm の円であるとき，次の問いに答えよ。
(1) この立体の体積を求めよ。
(2) この立体の表面積を求めよ。

51 右の図のような1辺の長さが 6cm の正八面体 ABCDEF がある。辺 AB，AC の中点をそれぞれ M，N とする。 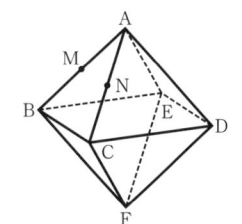
(1) この立体 ABCDEF の体積を求めよ。
(2) 点 M を通り面 ADE に平行な平面で，この正八面体を切ったとき，切り口の面積を求めよ。
(3) 3点 M，N，E を通る平面で，この正八面体を切って2つに分けるとき，頂点 A をふくむ立体の体積を求めよ。

例題11　空間図形への応用③

底面の1辺の長さが12cm，高さが4cmの正三角柱 ABC-DEF の容器がある。半径5cmの球 O をこの容器に入れようとすると，右の図のように，途中までしかはいらずに止まった。正三角柱の器の底から球の一番上までの高さを求めよ。ただし，この容器の厚さは考えないものとする。

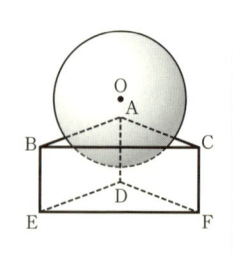

解説　球Oは3辺 AB, BC, CAの中点で△ABCと接している。

解答　球Oと△ABCの3辺との接点をそれぞれG, H, I とし，この3つの接点を通る円の中心をPとする。 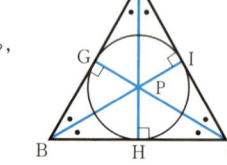
PG＝PI より，半直線 AP は∠Aの二等分線であるから，
$$\angle PAG = \angle PAI = 30°$$
△AGP で，$\angle AGP = 90°$, $AG = \dfrac{1}{2}AB = 6$ より，
$$PG = \dfrac{1}{\sqrt{3}}AG = 2\sqrt{3}$$
△OPG で，$\angle OPG = 90°$ より，
$$OP = \sqrt{OG^2 - PG^2} = \sqrt{5^2 - (2\sqrt{3})^2} = \sqrt{13}$$
ゆえに，求める高さは，$5 + \sqrt{13} + 4 = 9 + \sqrt{13}$

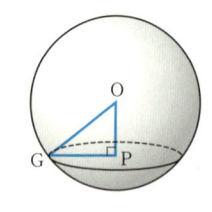

（答）$(9 + \sqrt{13})$ cm

演習問題

52　右の図のような，底面が1辺2cmの正方形で，他の辺が $\sqrt{5}$ cm の正四角すい A-BCDE がある。正四角すい A-BCDE の5つの頂点が球Oの周上にあるとき，この球Oの半径を求めよ。

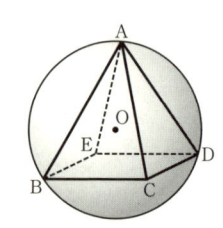

53　右の図のような，すべての面が1辺3cmの正三角形である六面体 ABCDE がある。この六面体の内部に，すべての面に接する球があり，面 ABC との接点をPとする。
(1) 頂点Aから△BCDにひいた垂線の長さを求めよ。
(2) 球の半径を求めよ。
(3) 六面体 ABCDE と三角すい P-CBD の体積の比を求めよ。

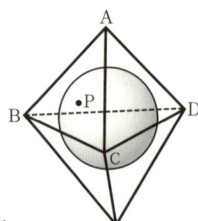

54 右の図のように，1辺の長さが 2cm の立方体 ABCD-EFGH に内接する球がある。この球を次の平面で切るとき，切り口の円の半径をそれぞれ求めよ。
(1) 3点 A，C，F を通る平面
(2) 辺 FG の中点を M とし，3点 A，B，M を通る平面

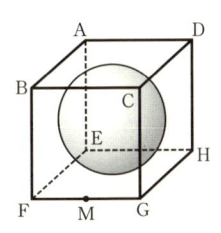

55 ＊ 右の図のような，底面が1辺 2cm の正三角形である正三角柱 ABC-DEF があり，5つの面すべてに接する球 O がはいっている。
(1) 球の半径を求めよ。
(2) 辺 AB，AC の中点をそれぞれ G，H とし，3点 G，H，E を通る平面で，この立体を切断する。このとき，切断された球の切り口の面積を求めよ。

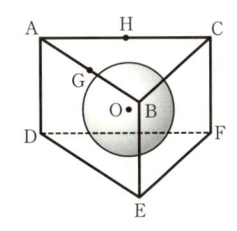

例題12　空間図形への応用④

右の図のように，円柱の容器の中に，半径が 3cm の3つの球がはいっており，3つの球はたがいに外接し，それぞれの球は円柱の上の底面，下の底面および側面にも接している。円柱の底面の中心を O とし，3つの球の中心を A，B，C とする。
(1) 立体 O-ABC の体積を求めよ。　　(2) 円柱の体積を求めよ。

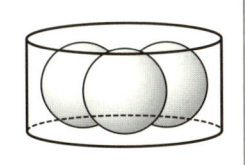

[解説]　△ABC は1辺の長さが 6cm の正三角形となる。

[解答]　(1)　△ABC は1辺の長さが 6cm の正三角形で，立体 O-ABC の高さが 3cm であるから，求める体積は，

$$\frac{1}{3} \times \left(\frac{\sqrt{3}}{4} \times 6^2\right) \times 3 = 9\sqrt{3}$$

（答）　$9\sqrt{3}$ cm^3

(2) 球 A と球 B の接点を D とすると，AD＝3
△ABC の外接円の中心を P とすると，
△ADP は ∠ADP＝90°，∠DAP＝30° であるから，

$$AP = \frac{2}{\sqrt{3}} AD = 2\sqrt{3}$$

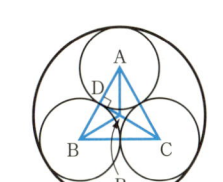

よって，円柱の底面の半径は $(3+2\sqrt{3})$ cm であるから，求める体積は，

$$\pi(3+2\sqrt{3})^2 \times 6 = 18(7+4\sqrt{3})\pi$$

（答）　$18(7+4\sqrt{3})\pi$ cm^3

演習問題

56 右の図のように,1辺の長さが $8+8\sqrt{3}$ の正三角形を底面とする三角柱に,半径の等しい4個の球が内接しており,次の条件を満たしている。

 （条件） (i) どの球も他の3個の球と接する。
 　　　　(ii) 下段の3個の球は,それぞれ三角柱の底面と2つの側面に接する。

(1) 球の半径を求めよ。
(2) 三角柱の高さを求めよ。

57 底面の半径 2cm,母線の長さ 4cm の直円すいと,半径 $\sqrt{3}$ cm の球が同一平面上にあり,直円すいと球は右の図のように点Pで接している。

直円すいの頂点を A,底面の中心を H,球の中心を O,球と平面との接点を Q とする。

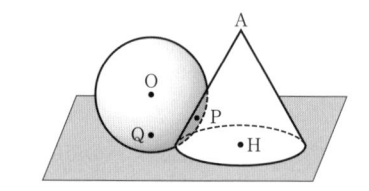

(1) 線分 HQ の長さを求めよ。
(2) 線分 AP の長さを求めよ。
(3) 球面上の点で,直円すいの頂点 A からの距離が最も短くなる点を R とするとき,線分 AR の長さを求めよ。

4章 総合問題

1 平面図形の総合問題

1 右の図のような AB=5cm，BC=4cm，CA=3cm の △ABC において，∠A の二等分線と辺 BC との交点を D，∠B の二等分線と線分 AD との交点を E とする。 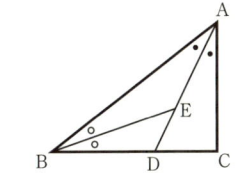
(1) 線分 CD の長さを求めよ。
(2) △ACD の面積を求めよ。　(3) △ABE の面積を求めよ。

2 右の図のような AB=8cm，BC=4cm，∠ACB=90° の △ABC において，辺 AB，BC，CA の中点をそれぞれ D，E，F とする。 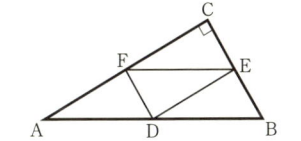
(1) 線分 DE の長さを求めよ。
(2) 3点 D，E，F を通る円 O を考え，その中心を O とする。
　(i) ∠DOE の大きさを求めよ。
　(ii) 円 O の内側で △ABC の外側にある部分の面積を求めよ。

3 右の図の △ABC で，∠B は ∠C の2倍の大きさである。頂点 A から辺 BC に下ろした垂線を AD とし，辺 BC，AC の中点をそれぞれ M，N とする。∠B=45°，BD=$\sqrt{2}$ cm のとき，次の問いに答えよ。 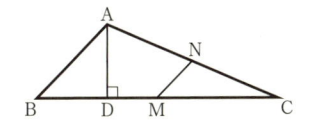
(1) 線分 MN の長さを求めよ。　(2) △ABC の面積を求めよ。

4 右の図のような OA=2cm，∠AOC=60° のひし形 OABC がある。このひし形を，頂点 O を中心として反時計回りに回転させる。 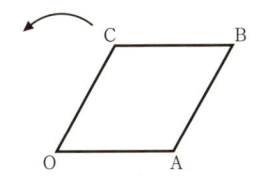
(1) 30°回転させたときのひし形と，最初のひし形が重なる部分の面積を求めよ。
(2) 最初のひし形を 120°回転させたとき，辺 BC が通過した部分の面積を求めよ。

5 右の図のような AB=$2\sqrt{3}$ cm, BC=4cm の長方形 ABCD がある。P は半直線 AD 上を動く点であり，頂点 C から線分 BP に垂線 CQ をひく。

(1) 点 P が頂点 D に一致するとき，線分 DQ の長さを求めよ。

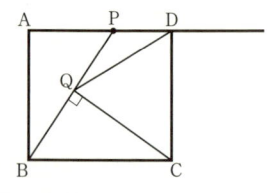

(2) 線分 DQ の長さが最小になるとき，線分 AP の長さを求めよ。

(3) 点 P が辺 AD 上を A から D まで動くとき，線分 DQ が動いてできる図形の面積を求めよ。

6 1 辺の長さが 12cm の正三角形 ABC がある。頂点 A から点 P が，頂点 B から点 Q が，頂点 C から点 R が同時に出発し，周上をそれぞれ毎秒 3cm, 2cm, 1cm の速さで，図の矢印の方向に動く。点 P, Q, R が出発してから t 秒後の △PQR の面積について，次の問いに答えよ。ただし，$0 \leq t < 8$ とする。

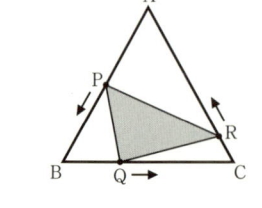

(1) $t=2$ のとき，△PQR の面積を求めよ。

(2) $0 \leq t \leq 4$ のとき，△PQR の面積 Scm^2 を t を用いて表せ。

(3) △PQR の面積が $8\sqrt{3}$ cm^2 となるとき，t の値をすべて求めよ。

7 右の図の △ABC で，点 D, E, F はそれぞれ辺 BC, CA, AB 上にあり，BD:DC=1:1, CE:EA=2:1, AF:FB=2:5 とする。線分 AD と BE との交点を G とし，線分 FG の延長と辺 BC との交点を H とする。

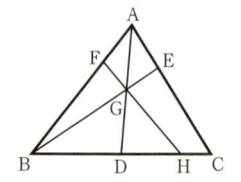

(1) 面積の比 △AFG：△AEG を求めよ。

(2) 線分比 AG:GD を求めよ。

(3) △ABC の面積は，四角形 CEGH の面積の何倍か。

8★ 右の図の四角形 ABCD は円に内接しており，AB=AD=DC=4cm，BC=6cm である。

(1) 対角線 BD の長さを求めよ。

(2) 円周上に，頂点 D と異なる点 E を，BD=BE となるようにとる。対角線 BD と線分 AE との交点を F とする。

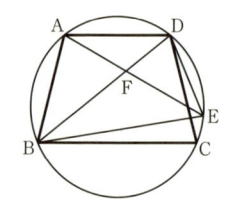

 (i) 線分 AE の長さを求めよ。　(ii) 線分 AF の長さを求めよ。

 (iii) 四角形 ABED の面積は，△ABD の面積の何倍か。

2 空間図形の総合問題

9 右の図の三角すい A-BCD で，AB＝AC＝BD＝CD＝4cm，BC＝$2\sqrt{7}$ cm，AD＝$2\sqrt{3}$ cm である。辺 BC の中点を M とし，頂点 A から線分 DM に垂線をひき，DM との交点を H とする。

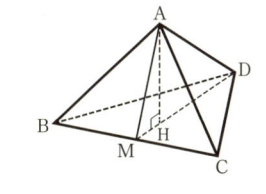

(1) △BCD の面積を求めよ。　　(2) 線分 AH の長さを求めよ。

(3) 線分 AH を回転の軸として，三角すい A-BCD を1回転させてできる回転体の体積を求めよ。

10 図1は，横の長さが10cmの長方形の紙にかいた円すいの展開図である。

(1) 円すいの底面の半径を求めよ。
(2) 円すいの体積を求めよ。
(3) 図2のように，円すいの底面に接し，側面にも接する球の半径を求めよ。

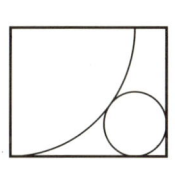

図1　　図2

11 1辺の長さが2cmの正六角形を底面とする，高さ4cmの正六角柱 ABCDEF-GHIJKL がある。右の図のように，頂点 A, E, I を結んで △IEA をつくる。

(1) 線分 EI の長さを求めよ。
(2) △IEA の面積を求めよ。
(3) 頂点 C から △IEA に垂線をひき，その交点を M とするとき，線分 CM の長さを求めよ。

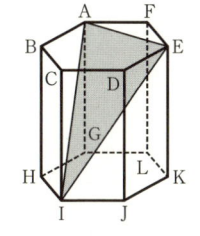

12 右の図のように，街灯 PQ と長方形の板 ABCD が，ともに水平な地面に垂直に立っている。街灯の先端 P に電球がついており，電球の光によって，地面に板の影 BEFC ができた。AB＝2m，AE＝3m，AP＝$\frac{9}{2}$m であり，△QEF の面積が $\frac{25}{2}$m² である。

(1) 街灯 PQ の高さを求めよ。　　(2) 影 BEFC の面積を求めよ。
(3) 板でさえぎられて光の当たらない部分の立体 ABCDEF の体積を求めよ。

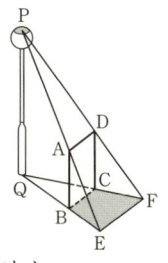

13 図1のような，1辺の長さが3cmの立方体がある。立方体の頂点Aから辺CD，GH上の点を通り，頂点Fを経由して，さらに辺BC，AD上の点を通って，頂点Hまでひもをかける。

ひもの長さが最も短くなる場合に，ひもが辺CD，BC，AD上で通る点をそれぞれI，J，Kとし，線分AIとJKとの交点をLとする。

(1) 右の展開図（図2）に点Lの位置を図示せよ。
(2) 線分AKの長さを求めよ。
(3) 点Lから辺ABに垂線LMをひく。AM：MBを求めよ。
(4) 線分BLの長さを求めよ。
(5) この立体において，線分FLの長さを求めよ。

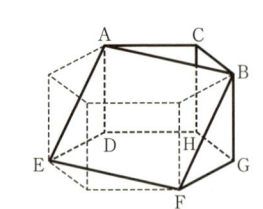

14 右の図のように，辺の長さがすべて1cmである正六角柱を，頂点を通る平面で切った形をした容器ABC-DEFGHを，水平に保って水を注ぐ。

(1) △ABCの面積を求めよ。
(2) この容器の容積を求めよ。
(3) 水の深さが $\frac{1}{2}$ cm となるときの水の体積を求めよ。
(4) 水の体積が，この容器の容積の $\frac{3}{8}$ 倍になるときの水の深さを求めよ。

15 ★ 右の図のような，辺の長さがすべて4cmの正四角すいO-ABCDがある。辺OD，OC上に，OP=OQ=1cmとなる点P，Qをとり，Qから辺AB，CDにそれぞれ垂線QR，QSをひく。

(1) 正四角すいO-ABCDの体積を求めよ。
(2) △QRSの面積を求めよ。
(3) 四角すいO-ABQPの体積を求めよ。

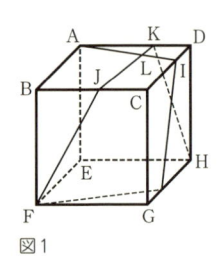

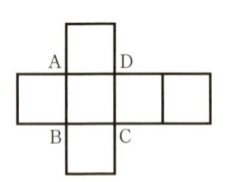

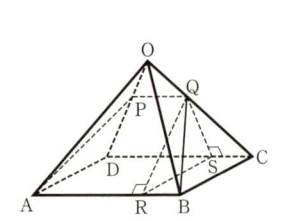

索引

あ行

円
　円に内接する四角形の性質 ……… 60
　円の弦の長さ ……………… 71
　円の接線の性質 …………… 20, 62
　円の接線の長さ …………… 62, 72
　円の面積，周の長さ ……………… 2
　四角形が円に内接するための条件
　　　　　　　　　　　　………60
円周角
　円周角と弧の関係 ……………… 57
　半円周に対する円周角 ………… 55
円周角の定理 ……………………… 54
円周角の定理の逆 ………………… 55
円すい
　円すいの側面積，表面積，体積 … 12
　円すいの高さ ……………………… 78
円柱
　円柱の側面積，表面積，体積 …… 11
オイラーの公式 …………………… 17
おうぎ形
　おうぎ形の面積，弧の長さ ……… 2

か行

外接円 …………………………… 20
角すい
　角すいの表面積，体積 ………… 12
角柱
　角柱の側面積，表面積，体積 …… 11
角の二等分線の作図 ……………… 18
球
　球の表面積，体積 ……………… 12
　球の切り口の円の半径と面積 …… 79

合同 ……………………………… 24
　合同な図形の性質 ……………… 24
　三角形の合同条件 ……………… 25
　直角三角形の合同条件 ………… 25

さ行

作図 ……………………………… 18
錯角 ………………………………… 6
三角形
　三角形が等積になるための条件 … 43
　三角形と線分の比 ……………… 33
　三角形の外角 …………………… 7
　三角形の外角の二等分線 ……… 42
　三角形の合同条件 ……………… 25
　三角形の相似条件 ……………… 30
　三角形の内角 …………………… 7
　三角形の内角の二等分線 ……… 41
　三角形の面積 …………………… 1
　三角形の面積の比
　　角を共有する三角形 ………… 46
　　高さが等しい三角形 ………… 44
　　底辺の長さが等しい三角形 … 44
　特別な直角三角形の3辺の比 …… 70
三平方の定理 …………………… 69
三平方の定理の逆 ……………… 69
四角形が円に内接するための条件
　　　　　　　　　　　　……… 60
正四角すいの高さ ……………… 79
正多面体 ………………………… 17
正方形
　正方形になるための条件 ……… 28
　正方形の性質 …………………… 28
　正方形の面積，周の長さ ……… 1
接弦定理 ………………………… 65
線分の垂直二等分線の作図 …… 18

相似 …………………………… 30
　三角形の相似条件 ………………… 30
　相似な図形の性質 ………………… 30
　相似な図形の面積の比 …………… 49
　相似な立体図形の相似比と体積の比
　　　　　　　　　　　………… 80
　相似な立体図形の相似比と表面積の比
　　　　　　　　　　　………… 80

た行

台形
　台形の面積 ………………………… 1
多角形の外角の和 …………………… 8
多角形の内角の和 …………………… 8
多面体 ……………………………… 14
多面体の切り口 …………………… 14
チェバの定理 ……………………… 48
中心角と弧の関係 ………………… 53
中線定理 ………………… 解答編 29
中点連結定理 ……………………… 33
長方形
　長方形になるための条件 ………… 28
　長方形の性質 ……………………… 28
　長方形の面積，周の長さ ………… 1
直線外の点を通る垂線の作図 …… 18
直線上の点における垂線の作図 … 18
直方体
　直方体の対角線の長さ …………… 78
　直方体の表面積，体積 …………… 11
直角三角形の合同条件 …………… 25
展開図 ……………………………… 13
同位角 ………………………………… 6
投影図 ……………………………… 13
等積 ………………………………… 43
同側内角 ……………………………… 6

な行

内対角 ………………………………… 7

は行

ひし形
　ひし形になるための条件 ………… 28
　ひし形の性質 ……………………… 28
平行四辺形
　平行四辺形と線分の比 …………… 39
　平行四辺形になるための条件 …… 27
　平行四辺形の性質 ………………… 27
　平行四辺形の面積 ………………… 1
平行線と線分の比 ………………… 35
平行線になるための条件 …………… 6
平行線の性質 ………………………… 6
平面図 ……………………………… 13

ま行

メネラウスの定理 ………………… 38
面積の比
　三角形の面積の比 …………… 44, 46
　相似な図形の面積の比 …………… 49

ら行

立方体
　立方体の対角線の長さ …………… 78
　立方体の表面積，体積 …………… 11
立面図 ……………………………… 13

Aクラスブックスシリーズ

単元別完成！この1冊だけで大丈夫!!

数学の学力アップに加速をつける

桐朋中・高校教諭	成川　康男
筑波大学附属駒場中・高校元教諭	深瀬　幹雄
桐朋中・高校元教諭	藤田　郁夫
筑波大学附属駒場中・高校教諭	町田　多加志
桐朋中・高校教諭	矢島　弘　共著

■A5判/2色刷　■全8点 各900円（税別）

中学・高校の区分に関係なく，単元別に数学をより深く追求したい人のための参考書です。得意分野のさらなる学力アップ，不得意分野の完全克服に役立ちます。

中学数学文章題　　　　場合の数と確率

中学図形と計量　　　　不等式

因数分解　　　　　　　平面幾何と三角比

2次関数と2次方程式　　整数

教科書対応表

	中学1年	中学2年	中学3年	高校数Ⅰ	高校数A	高校数Ⅱ
中学数学文章題	☆	☆	☆			
中学図形と計量	☆	☆	☆		(☆)	
因数分解			☆	☆		
2次関数と2次方程式			☆	☆		
場合の数と確率		☆			☆	
不等式	☆			☆		☆
平面幾何と三角比			☆	☆	☆	
整数	☆	☆	☆	☆	☆	

Aクラスブックス　中学図形と計量

2016年2月　初版発行

著　者	深瀬幹雄	成川康男
	町田多加志	矢島　弘
発行者	斎藤　亮	
組版所	錦美堂整版	
印刷所	光陽メディア	
製本所	井上製本所	

発行所　　昇龍堂出版株式会社

〒101-0062　東京都千代田区神田駿河台2-9
TEL 03-3292-8211　FAX 03-3292-8214
振替 00100-9-109283

落丁本・乱丁本は，送料小社負担にてお取り替えいたします
ホームページ http://www.shoryudo.co.jp/
ISBN978-4-399-01302-5 C6341 ¥900E　　Printed in Japan

本書のコピー，スキャン，デジタル化等の無断複製は著作権法上での例外を除き禁じられています。本書を代行業者等の第三者に依頼してスキャンやデジタル化することは，たとえ個人や家庭内での利用でも著作権法違反です。

Aクラスブックス

中学 図形と計量

…解答編…

この解答編は薄くのりづけされています。軽く引けば取りはずすことができます。

- 1章　図形の計量と作図 …………………… 1
- 2章　合同・相似・等積 …………………… 10
- 3章　円の性質と三平方の定理 …………… 22
- 4章　総合問題 ……………………………… 41

昇龍堂出版

1章 図形の計量と作図

問1 (1) 周の長さ $(12+6\pi)$cm,面積 $(36-9\pi)$cm^2
(2) 周の長さ 10πcm,面積 10πcm^2

問2 (1) 20πcm^2 (2) $a=120$ (3) 60πcm^2 (4) 18cm^2
解説 (4) (おうぎ形の周の長さ)$=2\times$(半径)$+$(おうぎ形の弧の長さ)

1 (1) 周の長さ 16πcm,面積 $(32\pi-64)$cm^2
(2) 周の長さ $(12+3\pi)$cm,面積 $\dfrac{3}{2}\pi$cm^2

解説 (2) 右の図で,㋐と㋑の面積が等しい。
また,△ADE と △DBO は,ともに1辺の長さが 3cm の正三角形である。
よって,求める面積は,おうぎ形 OBD の面積に等しい。

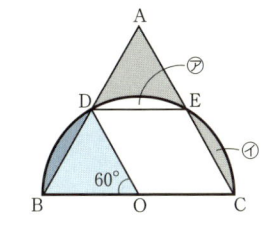

2 $\left(\dfrac{9}{2}+\dfrac{9}{4}\pi\right)$cm^2

解説 辺 AB,CD の中点をそれぞれ E,F とすると,
(求める面積)$+\triangle$MEB$=$(長方形 EBCF)$+$(四分円)
ゆえに,求める面積は, $3\times 6+\dfrac{1}{4}\times\pi\times 3^2-\dfrac{1}{2}\times 9\times 3=\dfrac{9}{2}+\dfrac{9}{4}\pi$

3 4πcm^2

解説 求める面積は,$\{\triangle\text{OAB}+$(おうぎ形 OBD)$\}-\{\triangle\text{OCD}+$(おうぎ形 OAC)$\}$
$=$(おうぎ形 OBD)$-$(おうぎ形 OAC)$=\pi\times 7^2\times\dfrac{60}{360}-\pi\times 5^2\times\dfrac{60}{360}=4\pi$

4 (1) $\dfrac{4}{3}\pi$cm (2) $\dfrac{8}{3}\pi$cm^2

解説 (1) 点 O と重なるもとの $\overparen{\text{BC}}$ 上の点を P とする。
PC$=$OC$=$OP (半円 O の半径) より,△OPC は正三角形である。
ゆえに, $\overparen{\text{OC}}=8\pi\times\dfrac{60}{360}=\dfrac{4}{3}\pi$
(2) 右の図の㋐と㋑の面積が等しいから,求める面積は,
(おうぎ形 OBP)$=\pi\times 4^2\times\dfrac{60}{360}=\dfrac{8}{3}\pi$

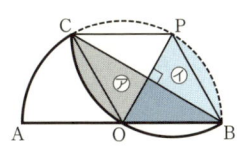

5 ㋐

解説 (㋐の面積)$-$(㋑の面積)$=$(半円)$-$(正方形 ACDE)$=8\pi-25$
$\pi=3.14\cdots>3.14$ より, $8\pi>8\times 3.14=25.12$
よって, $8\pi-25>0$

6 $(4-\pi)$cm

解説 AE$=x$cm とすると,(おうぎ形 BCA)$=$(台形 EBCD) より,
$\dfrac{1}{4}\times\pi\times 2^2=\dfrac{1}{2}\times\{(2-x)+2\}\times 2$
ゆえに, $x=4-\pi$

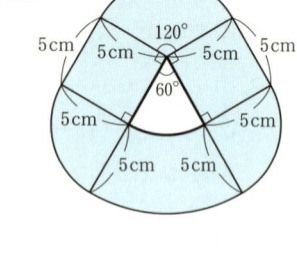

7 $\left(50+\dfrac{100}{3}\pi\right)$cm²

解説 円 P が通過したのは，右下の図の青色の部分である。
ゆえに，求める面積は，
$5^2\times 2+\pi\times 5^2\times\dfrac{120+90\times 2}{360}+\pi\times 10^2\times\dfrac{60}{360}-\pi\times 5^2\times\dfrac{60}{360}$
$=50+\dfrac{100}{3}\pi$

8 (1) 8πcm (2) 30πcm²

解説 (1) 頂点 O は下の図の青色の線上を動くから，
$2\pi\times 6\times\dfrac{90}{360}+2\pi\times 6\times\dfrac{60}{360}+2\pi\times 6\times\dfrac{90}{360}=8\pi$

(2) 求める面積は，
$\pi\times 6^2\times\dfrac{90}{360}+6\times 2\pi+\pi\times 6^2\times\dfrac{90}{360}=30\pi$

問3 $x=43$，$y=75$

9 (1) $x=34$ (2) $x=55$ (3) $x=123$

解説 (1) $x+48=82$ ゆえに，$x=34$
(2) $x=(80-45)+20=55$
(3) $118-26=92$
$92+(x-35)=180$（同側内角）
ゆえに，$x=123$

10 (1) $x=132$ (2) $x=107$ (3) $x=55$

解説 (1) $x=70+27+35=132$
(2) △BDF で，∠BFA＝∠B＋∠D＝41°＋35°＝76°
ゆえに，△AGF で，$x=31+76=107$
(3) △BCG で，∠BGA＝∠B＋∠C＝45°＋35°＝80°
△AHG で，∠EHG＝∠A＋∠HGA＝25°＋80°＝105°
△EDH で，$x+20+105=180$
ゆえに，$x=55$

11 $x=62$

解説 ∠BAE＝∠EAD＝a°，∠BCE＝∠ECD＝b° とおくと，
$a+b+94=126$ $a+b=32$
また，$x+a+b=94$
よって，$x+32=94$
ゆえに，$x=62$

12 (1) $x=103$ (2) $x=115$

解説 (1) 下の図のように $a°$ とおくと,
$a=(180-135)+(180-130)=95$, $a=(180-162)+(180-x)=198-x$ より,
$95=198-x$ $x=103$
(2) 下の図のように $a°$, $b°$ とおくと, $a=40+15=55$, $b=180-120=60$
ゆえに, $x=a+b=55+60=115$

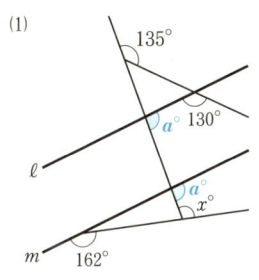

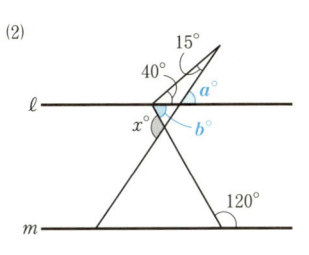

(1) 135°, 130°, $a°$, $a°$, $x°$, 162°, ℓ, m

(2) 15°, 40°, $a°$, $b°$, $x°$, 120°, ℓ, m

13 (1) $x=23$ (2) $x=57$

解説 (1) 下の図のように $a°$ とおくと, $\ell // m$, AF // CD より, $a=37$
正六角形の1つの内角は, 120°
よって, $x+120+37=180$ $x=23$
(2) 下の図のように $a°$ とおくと, 正五角形の1つの内角は 108° であるから,
$a=180-(21+108)=51$
よって, $51+x=108$ $x=57$

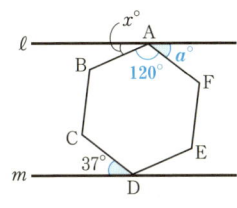

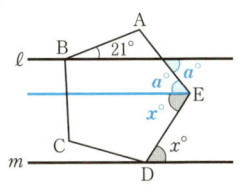

(1) ℓ, A, $x°$, B, $a°$, F, 120°, C, E, 37°, D, m

(2) A, B, 21°, ℓ, $a°$, $a°$, E, C, $x°$, D, m

14 (1) $x=112$ (2) $x=96$ (3) $x=140$

解説 (1) $x+125+85+110+108=3\times 180$ より, $x=112$
(2) $(180-x)+(180-130)+80+76+70=360$ より, $x=96$
(3) $3a+(180-4a)+2a\times 3+4a=360$ より, $a=20$
ゆえに, $x=180-2\times 20=140$

15 $x=40$

解説 正九角形の1つの内角は, 140°
よって, $\angle \mathrm{ABI}=(180°-140°)\div 2=20°$
四角形 EFGH において, $\angle \mathrm{HEF}=(360°-140°\times 2)\div 2=40°$
$\angle \mathrm{JBE}=140°-(20°+40°)=80°$
$\angle \mathrm{JEB}=140°-(40°\times 2)=60°$
ゆえに, $x=180-(80+60)=40$

16 (1) 900°　(2) 900°

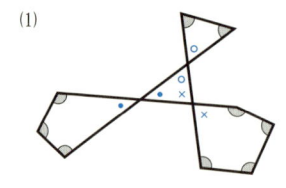

解説 (1) $180°+180°×(4-2)+180°×(5-2)-180°=900°$
(2) $180°×(6-2)+180°=900°$

問4 (1) 体積 12πcm³，表面積 24πcm²
(2) 体積 128πcm³，表面積 92πcm²
(3) 体積 $\dfrac{224}{3}\pi$cm³，表面積 80πcm²

解説 (2) （体積）$=\pi×4^2×7+\dfrac{1}{3}×\pi×4^2×3=128\pi$
（表面積）$=\pi×4^2+2\pi×4×7+\pi×4×5=92\pi$
(3) （体積）$=\dfrac{4}{3}\pi×4^3-\dfrac{4}{3}\pi×2^3=\dfrac{224}{3}\pi$　（表面積）$=4\pi×4^2+4\pi×2^2=80\pi$

問5 240°

解説 $360°×\dfrac{12\pi}{18\pi}=240°$

問6 (1) 64πcm²　(2) 8cm

解説 (1) おうぎ形（円すいの側面の展開図）の中心角は，$360°×\dfrac{8\pi}{24\pi}=120°$
(2) 母線の長さを$r$cm とすると，$2\pi r×\dfrac{135}{360}=6\pi$　　$r=8$

問7 (1) 体積 36cm³，表面積 84cm²　(2) 体積 20πcm³，表面積 28πcm²

問8 (1) 体積 45πcm³，表面積 48πcm²　(2) 体積 $\dfrac{9}{4}\pi$cm³，表面積 $\dfrac{27}{4}\pi$cm²

17 (1) 正三角形　(2) 長方形　(3) 二等辺三角形
(4) 等脚台形　(5) ひし形　(6) 五角形

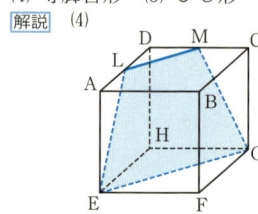

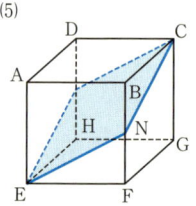

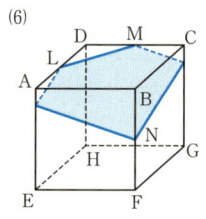

解説 (4)　　(5)　　(6)

18 (1) $2:3$　(2) $2:3$

解説 (1) （球の体積）$=\dfrac{4}{3}\pi×3^3=36\pi$　（円柱の体積）$=\pi×3^2×6=54\pi$
(2) （球の表面積）$=4\pi×3^2=36\pi$　（円柱の表面積）$=2×\pi×3^2+2\pi×3×6=54\pi$

19 (1) 6倍 (2) 72cm^3

[解説] (1) （立方体の体積）$=6^3=216$

（四面体 AEFH の体積）$=\dfrac{1}{3}\times\left(\dfrac{1}{2}\times 6\times 6\right)\times 6=36$

(2) 立方体から四面体 AEFH，FABC，CFGH，HACD を切り取ると，四面体 ACFH になる。

ゆえに，求める体積は，$216-36\times 4=72$

[参考] 四面体 ACFH は，すべての面が正三角形で，どの頂点にも3つの面が集まるから，正四面体である。（→本文 p.17）

20 $a:b=4:3$

[解説] 円柱の高さは $(a-b)\text{cm}$ であるから，

$\dfrac{1}{3}\pi b^3=\pi b^2(a-b)$ $b=3(a-b)$

よって，$3a=4b$

21 $320\pi\,\text{cm}^3$

[解説] 求める立体の体積は，底面の半径 6cm，高さが 20cm の円柱から，底面の半径 2cm，高さが 20cm の円柱をくりぬいた立体の体積の $\dfrac{1}{2}$ である。

ゆえに，$(\pi\times 6^2\times 20-\pi\times 2^2\times 20)\times\dfrac{1}{2}=320\pi$

22 (1) $\dfrac{64}{3}\text{cm}^3$ (2) 24cm^2 (3) $\dfrac{8}{3}\text{cm}$

[解説] (1) 三角すいは，底面が △CMN，高さが AB=8 である。

ゆえに，求める体積は，$\dfrac{1}{3}\times\left(\dfrac{1}{2}\times 4\times 4\right)\times 8=\dfrac{64}{3}$

(2) △AMN＝（正方形 ABCD）－（△ABM＋△CMN＋△ADN）
$=64-(16+8+16)=24$

(3) 求める高さを $h\,\text{cm}$ とすると，

（三角すいの体積）$=\dfrac{1}{3}\times\triangle\text{AMN}\times h=8h$

よって，$8h=\dfrac{64}{3}$

ゆえに，$h=\dfrac{8}{3}$

23 ① 線分 AB の垂直二等分線をひき，直線 ℓ との交点を C とする。
② A を中心として，半径 AC の円をかき，線分 AB の垂直二等分線との交点を D とする。
③ 点 A と C，点 A と D，点 B と C，点 B と D を結ぶ。
四角形 ACBD が求めるひし形である。

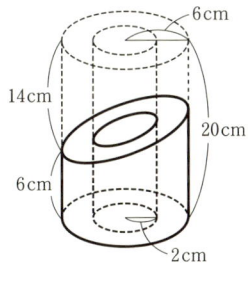

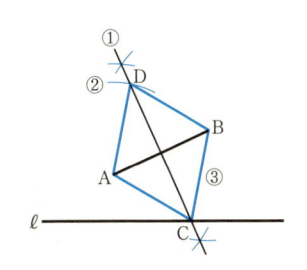

24 $360° \times \dfrac{2\pi}{6\pi} = 60°$ より，側面の展開図は，半径 3 cm，中心角 60° のおうぎ形になる。
① C を中心として，半径 AC の円をかく。
② A を中心として，半径 AC の円をかき，①の円との交点の1つを D とする。
③ ∠ACD の二等分線をひき，$\overparen{AD}$ との交点を B とする。
おうぎ形 CAD が側面の展開図である。

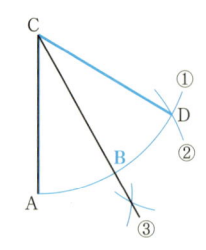

25 ① 線分 AB の垂直二等分線をひく。
② ∠XOY の二等分線をひき，①の直線との交点を P とする。

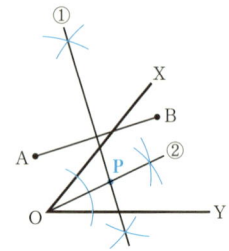

26 ① D を中心として，半径 DA の円をかき，辺 BC との交点を E とする。
② 線分 AE の垂直二等分線（点 D を通る）をひき，辺 AB との交点を P とする。
参考 ② 点 D を通り，線分 AE に垂直な直線をひき，辺 AB との交点を P とする。
としてもよい。

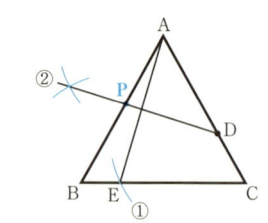

27 ① 点 B を通り，直線 ℓ に垂直な半直線をひき，ℓ との交点を C とする。
② C を中心として，半径 CB の円をかき，半直線 BC との交点を D とする。
③ 点 A と D を結び，直線 ℓ との交点を P とする。

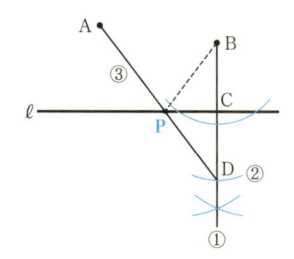

28 ① 点 P を通り，半直線 OX に垂直な半直線をひき，OX との交点を A とする。
② A を中心として，半径 AP の円をかき，半直線 PA との交点を B とする。
③ 点 P を通り，半直線 OY に垂直な半直線をひき，OY との交点を C とする。
④ C を中心として，半径 CP の円をかき，半直線 PC との交点を D とする。
⑤ 点 B と D を結び，半直線 OX，OY との交点をそれぞれ Q，R とする。

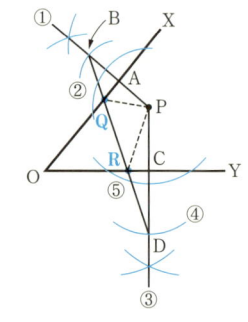

29 ① 半直線 OP をひく。
② 点 P を通り,半直線 OP に垂直な直線をひく。
②の直線が求める接線である。

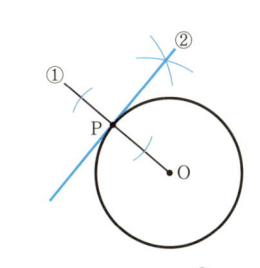

30 ① 線分 OP の垂直二等分線をひき,OP との交点を A とする。
② A を中心として,半径 AO の円をかき,円 O との交点の 1 つを B とする。
③ 点 B,P を通る直線をひく。
③の直線が求める接線である。

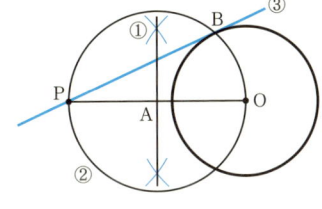

31 ① 点 C を通り,線分 OA に垂直な直線をひき,OA との交点を D とする。
② ∠AOB の二等分線をひき,①の直線との交点を P とする。
③ P を中心として,半径 PD の円をかく。
円 P が求める円である。

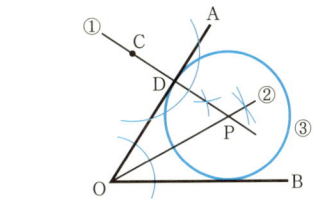

32 ① 半直線 OP をひく。
② 点 P を通る半円 O の接線をひき,線分 OA の延長との交点を C とする。
③ ∠PCO の二等分線をひき,OP との交点を D とする。
④ D を中心として,半径 DP の円をかく。
円 D が求める円である。

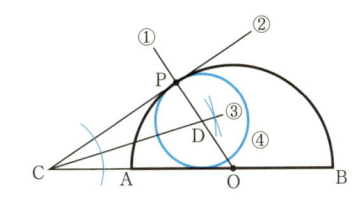

33 ① 点 P を通り,直径 AB に垂直な直線をひく。
② P を中心として,半径 OA の円をかき,①でひいた直線との交点のうち,$\overparen{AB}$ の側にある点を C とする。
③ C を中心として,半径 OA の円をかき,$\overparen{AB}$ との交点を D,E とする。
④ 点 D と E を結ぶ。線分 DE が求める折り目である。

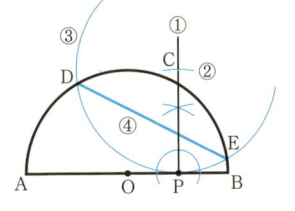

1 周の長さ $\frac{15}{2}\pi$ cm,面積 $\frac{9}{2}\pi$ cm²

解説 周の長さは,$2\pi \times 3 + 2\pi \times 6 \times \frac{45}{360} = \frac{15}{2}\pi$

半円 O と半円 P の面積は等しい。
求める面積は,半径 6 cm,中心角 45°のおうぎ形の面積に等しい。
ゆえに,$\pi \times 6^2 \times \frac{45}{360} = \frac{9}{2}\pi$

2 (1) $x=4-\pi$ (2) $x=45$

解説 (1) 四分円と長方形の面積が等しいから，
$\frac{1}{4}\times\pi\times4^2=4(4-x)$ $x=4-\pi$

(2) 半円とおうぎ形の面積が等しいから，
$\frac{1}{2}\times\pi\times3^2=\pi\times6^2\times\frac{x}{360}$ $x=45$

3 (1) $24\,\text{cm}^2$ (2) $\left(\frac{25}{2}\pi-24\right)\text{cm}^2$

解説 (1) 求める面積は，
△ABC$+\frac{1}{2}${(AB を直径とする円)+(AC を直径とする円)}$-$(円 O)}
$=\frac{1}{2}\times6\times8+\frac{1}{2}(\pi\times3^2+\pi\times4^2-\pi\times5^2)=24$

(2) 求める面積は，$\frac{1}{2}${(AB を直径とする円)+(AC を直径とする円)}$-$△ABC
$=\frac{1}{2}(\pi\times3^2+\pi\times4^2)-\frac{1}{2}\times6\times8=\frac{25}{2}\pi-24$

4 (1) $x=65$ (2) $x=34$

解説 (1) ∠DAB$=$∠BAC$=a°$ とする。
AB$=$AC より，∠ACB$=$∠ABC$=x°$ であるから，$a+2x=180$ ……①
$2a+x+15=180$ より，$2a+x=165$ ……②
①，②より，$x=65$

(2) 印のついた角の和は，五角形の内角の和に等しい。
よって，$123+106+35+30+67+55+x+20+70=540$
$x+506=540$ $x=34$

5 $45\pi\,\text{cm}^2$

解説 円 O の周の長さは，$2\pi\times3\times5=30\pi$
円すいの母線の長さを $x\,\text{cm}$ とすると，$2\pi x=30\pi$ $x=15$
ゆえに，側面積は，$\pi\times3\times15=45\pi$

6 (1) $6\pi\,\text{cm}$ (2) $\left(\frac{25}{2}\pi+12\right)\text{cm}^2$

解説 (1) 求める長さは，$\frac{1}{4}\times2\pi\times4+\frac{1}{4}\times2\pi\times5+\frac{1}{4}\times2\pi\times3=6\pi$

(2) 求める面積は，$\frac{1}{4}\times\pi\times4^2+\frac{1}{4}\times\pi\times5^2+\frac{1}{4}\times\pi\times3^2+3\times4=\frac{25}{2}\pi+12$

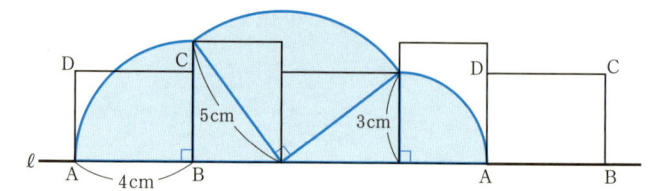

7 (1) 16cm³ (2) 32cm³ (3) 32cm³

解説 (1) 求める体積は，$\dfrac{1}{3}\times\triangle\text{BEI}\times\text{AC}=\dfrac{1}{3}\times\left(\dfrac{1}{2}\times6\times4\right)\times4=16$

(2) （三角柱の体積）$=\left(\dfrac{1}{2}\times4\times4\right)\times6=48$

（三角すい I–ABC の体積）$=\dfrac{1}{3}\times\left(\dfrac{1}{2}\times4\times4\right)\times2=\dfrac{16}{3}$

（三角すい I–DEF の体積）$=\dfrac{1}{3}\times\left(\dfrac{1}{2}\times4\times4\right)\times4=\dfrac{32}{3}$

ゆえに，求める体積は，$48-\left(\dfrac{16}{3}+\dfrac{32}{3}\right)=32$

(3) 求める立体の体積は，四角すい G–HEFI と三角すい G–DEF の体積の和である。

（四角すい G–HEFI の体積）$=\dfrac{1}{3}\times(\text{台形 HEFI})\times\text{DF}$

$=\dfrac{1}{3}\times\left\{\dfrac{1}{2}\times(3+4)\times4\right\}\times4=\dfrac{56}{3}$

（三角すい G–DEF の体積）$=\dfrac{1}{3}\times\triangle\text{DEF}\times\text{GD}$

$=\dfrac{1}{3}\times\left(\dfrac{1}{2}\times4\times4\right)\times5=\dfrac{40}{3}$

ゆえに，求める体積は，$\dfrac{56}{3}+\dfrac{40}{3}=32$

別解 (2) (1)の三角すいを I–ABE とみると，四角すい I–ABED と，頂点 I から底面までの高さは等しい。
（長方形 ABED）$=2\triangle\text{ABE}$ より，（四角すい I–ABED の体積）$=2\times16=32$

8 ① 点 P を通り，線分 OB に垂直な直線をひく。
② P を中心として，半径 PB の円をかき，①でひいた直線との交点のうち，∠AOB の内部にある点を C とする。
③ 点 C を通り，直線 PC に垂直な直線をひく。
④ ∠AOB の二等分線をひき，③の直線との交点を Q とする。
⑤ Q を中心として，半径 PB の円をかく。
円 Q が求める円である。

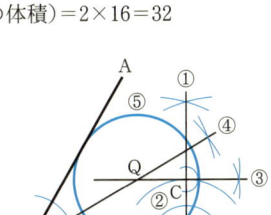

2章 合同・相似・等積

問1 3cm^2

問2 $40°$

[解説] $\triangle ABC \equiv \triangle DBE$ より，$AB=DB$

1 $\triangle ABD$ と $\triangle ACE$ において，$\triangle ABC$，$\triangle ADE$ がともに正三角形であるから，
$AB=AC$，$AD=AE$，$\angle BAD=60°-\angle DAC=\angle CAE$
よって，$\triangle ABD \equiv \triangle ACE$（2辺夾角）
ゆえに，$BD=CE$
したがって，$AC=BC=DC+BD=CD+CE$

2 9cm^2

[解説] $\triangle OAB$ と $\triangle OCD$ において，
$\angle ABO=\angle CDO=45°$，$\angle AOB=90°-\angle BOC=\angle COD$，$OB=OD$
よって，$\triangle OAB \equiv \triangle OCD$（2角夾辺）
ゆえに，$\triangle OAB=\triangle OCD$

求める面積は，$\triangle OBD$ の面積に等しいから，$\dfrac{1}{4}\times 6^2=9$

3 $\triangle ABE$ と $\triangle ADC$ において，$\triangle ABD$，$\triangle ACE$ がともに正三角形であるから，
$AB=AD$，$AE=AC$，$\angle BAE=\angle BAC+60°=\angle DAC$
よって，$\triangle ABE \equiv \triangle ADC$（2辺夾角）
ゆえに，$\angle AEB=\angle ACD$
$\triangle PCE$ において，
$\angle BPC=\angle PCE+\angle PEC=60°+\angle ACP+\angle PEC=60°+\angle AEB+\angle PEC$
$=60°+60°=120°$

4 $\dfrac{5}{4}\pi\text{cm}^2$

[解説] $\triangle OAD$ と $\triangle COE$ において，
$\angle ADO=\angle OEC=90°$，$OA=CO$（半径），$\angle OAD=\angle COE=20°$
よって，$\triangle OAD \equiv \triangle COE$（斜辺と1鋭角）
ゆえに，$\triangle OAD=\triangle COE$ ……①
線分 AD と CO との交点を F とすると，①より，（四角形 DFCE）$=\triangle OAF$
ゆえに，求める面積は，（おうぎ形 OAC）$=\pi\times 3^2\times\dfrac{50}{360}=\dfrac{5}{4}\pi$

5 $3\pi\text{cm}^2$

[解説] 点 O と C，点 O と D を結ぶ。
$\triangle OCE$ と $\triangle DOF$ において，
$\angle OEC=\angle DFO=90°$，$OC=DO$（半径），
$\angle OCE=\angle DOF=30°$
よって，$\triangle OCE \equiv \triangle DOF$（斜辺と1鋭角）
ゆえに，$\triangle OCE=\triangle DOF$
したがって，右の図の⑦と④の面積は等しい。

ゆえに，求める面積は，（おうぎ形 OCD）$=\pi\times 6^2\times\dfrac{30}{360}=3\pi$

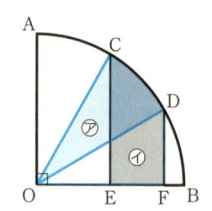

問 3 (ウ), (カ), (キ)

問 4 (1) ひし形 (2) 長方形 (3) ひし形 (4) 長方形 (5) 長方形 (6) 正方形

6 (1) $x=36$, $y=113$ (2) $x=82$, $y=53$ (3) $x=73$, $y=94$

　|解説| (1) AF∥BE より，∠AFE＝∠DEF（錯角）　　$x=36$
　よって，∠ABE＝36°　ゆえに，$y=180-(36+31)=113$
　(2) △ABF≡△CBF　　よって，∠BCF＝∠BAF＝90°－37°＝53°
　ゆえに，$x=180-(45+53)=82$　　∠FCD＝37° より，$y=90-37=53$
　(3) AB∥DC より，∠BAF＝180°－107°＝73°（同側内角）
　△BAE で，BA＝BC＝BE より，$x=73$
　∠ABE＝180°－2×73°＝34°　ゆえに，$y=60+34=94$

7 3 cm

　|解説| ∠BAE＝∠DAE，∠BEA＝∠DAE（錯角）より，∠BAE＝∠BEA
　よって，△BAE において，BE＝BA＝6.5
　同様にして，CF＝CD＝6.5
　ゆえに，EF＝BE＋FC－BC＝6.5×2－10＝3

8 $x=50$, $y=41$

　|解説| 線分 EC 上に点 G を，EG＝EF
　となるようにとる。
　△AEG と △CEF において，
　AE＝CE（仮定），EG＝EF，
　∠AEG＝∠CEF（共通）
　よって，△AEG≡△CEF（2辺夾角）
　ゆえに，AG＝CF，∠EAG＝∠ECF＝32°　また，AB＝CF（仮定）
　よって，AG＝AB より，△ABG は二等辺三角形である。
　ゆえに，$x=\frac{1}{2}\{180-(48+32)\}=50$
　CF＝AB＝CD　　∠FCD＝180°－(50°＋32°)＝98°
　ゆえに，$y=\frac{1}{2}(180-98)=41$

　|別解| 線分 AE の延長上に点 H を，EH＝EB
　となるようにとる。
　△ABE と △CHE において，
　AE＝CE（仮定），EB＝EH，
　∠AEB＝∠CEH（対頂角）
　よって，△ABE≡△CHE（2辺夾角）
　ゆえに，∠HCE＝48°，∠CHE＝x°
　CH＝AB＝CF より，∠CFH＝∠CHE＝x°
　よって，△CFH において，$x+x+32+48=180$　　$x=50$
　CF＝AB＝CD　　∠FCD＝180°－(50°＋32°)＝98°
　ゆえに，$y=\frac{1}{2}(180-98)=41$

問 5 (1) $x=2$ (2) $x=6$ (3) $x=\dfrac{21}{2}$

　|解説| (1) △ABC と △ACD において，
　∠BAC＝∠CAD（共通），∠ABC＝∠ACD より，△ABC∽△ACD（2角）
　よって，AB：AC＝BC：CD　　6：4＝3：x　　$6x=12$　　$x=2$

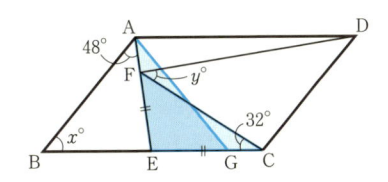

(2) △ACD と △DBE において，∠ACD＝∠DBE＝60°
∠CAD＝120°－∠ADC，∠BDE＝180°－(60°＋∠ADC)＝120°－∠ADC より，
∠CAD＝∠BDE
よって，△ACD∽△DBE（2角）
よって，AC：DB＝CD：BE　　25：15＝10：x　　25x＝150　　x＝6
(3) △ABC と △DBA において，
AB：DB＝BC：BA＝3：2，∠ABC＝∠DBA（共通）より，
△ABC∽△DBA（2辺の比とはさむ角）

よって，AB：DB＝AC：DA　　12：8＝x：7　　8x＝84　　x＝$\dfrac{21}{2}$

9 AD＝$\dfrac{24}{5}$cm，BD＝$\dfrac{32}{5}$cm

解説　△ABC と △DAC において，∠BAC＝∠ADC＝90°，∠ACB＝∠DCA（共通）
よって，△ABC∽△DAC（2角）

BC：AC＝BA：AD より，10：6＝8：AD　　10AD＝48　　AD＝$\dfrac{24}{5}$

同様に，△ABC∽△DBA（2角）より，AB：DB＝BC：BA

8：DB＝10：8　　10BD＝64　　BD＝$\dfrac{32}{5}$

参考　右の図の ∠A＝90° の直角三角形 ABC で，
△ABC∽△DBA（2角）より，AB：DB＝BC：BA
AB^2＝BD×BC　……①
△ABC∽△DAC（2角）より，AC：DC＝BC：AC
AC^2＝DC×BC　……②
①，②，BD＋DC＝BC より，AB^2＋AC^2＝BC^2
このように，3章で学習する三平方の定理（→本文 p.69）を導くことができる。

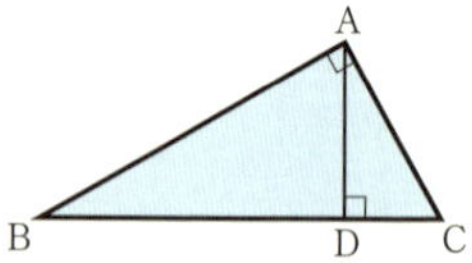

10 $\dfrac{9}{4}$cm

解説　頂点 A より辺 BC に垂線をひき，交点を H とすると，△ABH∽△CBD（2角）
となる。

AB：CB＝BH：BD より，8：6＝3：BD　　8BD＝18　　BD＝$\dfrac{9}{4}$

11 (1) $\dfrac{9}{2}$cm　(2) 2cm

解説　△FDG∽△GAI∽△EHI（2角）となる。

(1) FD：GA＝DG：AI より，4：(9－3)＝3：AI　　4AI＝18　　AI＝$\dfrac{9}{2}$

(2) FD：GA＝FG：GI より，4：6＝5：GI　　4GI＝30　　GI＝$\dfrac{15}{2}$

よって，IH＝9－$\dfrac{15}{2}$＝$\dfrac{3}{2}$

FD：EH＝DG：HI より，4：EH＝3：$\dfrac{3}{2}$　　3EH＝6　　EH＝2

12 (1) $\dfrac{9}{4}$ cm　(2) 8 cm

　　解説　△CDH∽△FGH（2角）となる。

　　(1) CD：FG＝CH：FH より，6：2＝CH：$\dfrac{3}{4}$　　2CH＝$\dfrac{9}{2}$　　CH＝$\dfrac{9}{4}$

　　(2) DH＝6－$\dfrac{3}{4}$＝$\dfrac{21}{4}$

　　CD：FG＝DH：GH より，6：2＝$\dfrac{21}{4}$：GH　　6GH＝$\dfrac{21}{2}$　　GH＝$\dfrac{7}{4}$

　　ゆえに，BG＝12－$\left(\dfrac{7}{4}+\dfrac{9}{4}\right)$＝8

問6 (1) $x＝\dfrac{15}{2}$, $y＝\dfrac{3}{2}$　(2) $x＝6$, $y＝\dfrac{15}{2}$　(3) $x＝\dfrac{40}{3}$, $y＝\dfrac{15}{4}$

問7 4 cm

　　解説　DE∥BC より，AE：EC＝AD：DB＝6：3＝2：1

　　DC∥FE より，AF：FD＝AE：EC＝2：1　　ゆえに，AF＝$\dfrac{2}{3}$AD＝4

問8 18 cm

　　解説　△BAE において，F は辺 BA の中点，D は辺 BE の中点であるから，
　　中点連結定理より，FD∥AE

　　FD＝$\dfrac{AE}{2}$　　FD＝12 より，AE＝24

　　FD∥GE より，FD：GE＝CD：CE＝2：1　　よって，GE＝6
　　ゆえに，AG＝AE－GE＝24－6＝18

13 2：3

　　解説　EF∥DG より，AF：FG＝AE：ED＝5：3　　5FG＝3AF　　AF＝$\dfrac{5}{3}$FG

　　BF∥DG より，FG：FC＝BD：BC＝2：5　　2FC＝5FG　　FC＝$\dfrac{5}{2}$FG

　　ゆえに，AF：FC＝$\dfrac{5}{3}$FG：$\dfrac{5}{2}$FG＝2：3

14 2：3

　　解説　線分 AE の延長と辺 BC との交点を G とする。
　　AG∥DF より，GF：FC＝AD：DC＝1：1
　　よって，GF＝FC
　　BF：GF＝BF：FC＝5：3 より，BG：GF＝2：3
　　EG∥DF より，BE：ED＝BG：GF＝2：3

15 (1) 2：1　(2) 3：1

　　解説　点 D を通り，線分 AF に平行な直線をひき，
　　辺 BC との交点を G とする。
　　(1) DG∥EF より，GF：FC＝DE：EC＝1：1
　　よって，GF＝FC ……①
　　DG∥AF より，BG：GF＝BD：DA＝1：1
　　よって，BG＝GF ……②
　　①，②より，BG＝GF＝FC　　ゆえに，BF：FC＝2：1

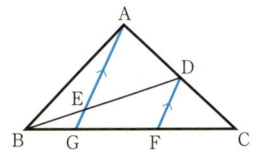

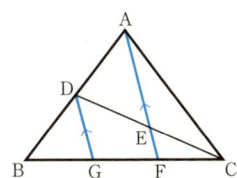

(2) AF：DG＝BA：BD＝2：1 より，AF＝2DG

DG：EF＝CD：CE＝2：1 より，EF＝$\frac{1}{2}$DG

ゆえに，AE：EF＝$\left(2-\frac{1}{2}\right)$DG：$\frac{1}{2}$DG＝3：1

問9 (1) $x=\frac{36}{5}$ (2) $x=4$, $y=12$

問10 $\frac{15}{2}$cm

解説 AC＝10 より，FG＝BC＝$\frac{3}{2+3}\times 10=6$

FG：GH＝4：5 であるから，4：5＝6：GH より，GH＝$\frac{15}{2}$

16 (1) $x=\frac{36}{5}$ (2) $x=6$, $y=14$ (3) $x=9$, $y=5$

解説 (1) AG：CG＝DG：BG＝6：9＝2：3 より，2：5＝EG：9　　EG＝$\frac{18}{5}$

同様に，2：5＝GF：9　　GF＝$\frac{18}{5}$　　ゆえに，$x=\frac{36}{5}$

(2) x：4＝21：14 より，$x=6$
点 A と C を結び，線分 EF との交点を G とする。

6：21＝EG：24 より，EG＝$\frac{48}{7}$　　14：10＝10：GF より，GF＝$\frac{50}{7}$

ゆえに，$y=\frac{48}{7}+\frac{50}{7}=14$

(3) 4：6＝6：x より，$x=9$
点 A と C を結び，線分 EF との交点を G とする。
4：10＝EG：15 より，EG＝6　　よって，GF＝9－6＝3
9：15＝3：y より，$y=5$

17 $\frac{24}{5}$cm

解説 AB∥EF∥DC より，BE：DE＝AB：CD＝8：12＝2：3

BE：BD＝EF：DC より，2：5＝EF：12　　EF＝$\frac{24}{5}$

18 100πcm^2

解説 $361=19^2$，$169=13^2$ より，右のような断面図をかいて求める。

7：21＝1：3 より，AB：38＝1：3　　AB＝$\frac{38}{3}$

よって，$\left(26-\frac{38}{3}\right)$：$x$＝2：3　　$x=20$

ゆえに，求める面積は，$\pi\times 10^2=100\pi$

19 (1) 2：3 (2) 3：1 (3) 8：7：5

解説 (1) AD∥BE より，BG：DG＝BE：DA＝BE：BC＝2：3
(2) AB∥DF より，BH：DH＝AB：FD＝CD：FD＝3：1

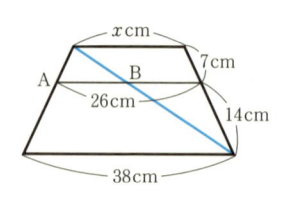

(3) BG：BD＝2：5 より，BG＝$\frac{2}{5}$BD

BD：HD＝4：1 より，HD＝$\frac{1}{4}$BD

よって，GH＝BD－(BG＋HD)＝BD－$\left(\frac{2}{5}BD+\frac{1}{4}BD\right)$＝$\frac{7}{20}$BD

ゆえに，BG：GH：HD＝$\frac{2}{5}$：$\frac{7}{20}$：$\frac{1}{4}$＝8：7：5

20 (1) 4：3 (2) 12：9：7

解説 (1) AD∥BE より，BG：DG＝BE：DA＝BE：BC＝4：3

(2) AB∥DF より，AG：FG＝BG：DG＝4：3　よって，AG＝$\frac{4}{7}$AF，GF＝$\frac{3}{7}$AF

AB∥FC より，AF：FE＝BC：CE＝3：1　　EF＝$\frac{1}{3}$AF

ゆえに，AG：GF：FE＝$\frac{4}{7}$：$\frac{3}{7}$：$\frac{1}{3}$＝12：9：7

21 10：39

解説 線分 EF の延長と辺 BC の延長との交点を H とする。

ED∥CH より，CH：DE＝CF：DF＝2：5

CH＝$\frac{2}{5}$DE

DE＝$\frac{2}{7}$AD より，CH＝$\frac{2}{5}\times\frac{2}{7}$AD＝$\frac{4}{35}$AD

よって，BH＝BC＋CH＝AD＋$\frac{4}{35}$AD＝$\frac{39}{35}$AD

BH∥ED より，DG：BG＝DE：BH＝$\frac{2}{7}$AD：$\frac{39}{35}$AD＝10：39

問11 (1) $x=6$ (2) $x=14$ (3) $x=6$

22 (1) 24cm (2) 5：4

解説 (1) BD：DC＝30：20＝3：2，BC＝40 より，BD＝$40\times\frac{3}{3+2}$＝24

(2) AE：ED＝AB：BD＝30：24＝5：4

23 (1) 2：1 (2) 11：4

解説 (1) AE：AC＝3：5 より，AE＝$\frac{3}{5}$AC＝3

ゆえに，BF：FE＝AB：AE＝6：3＝2：1

(2) 点 E を通り，線分 AD に平行な直線をひき，辺 BC との交点を G とする。

AD：EG＝AC：EC＝5：2 より，AD＝$\frac{5}{2}$EG

FD：EG＝BF：BE＝2：3 より，FD＝$\frac{2}{3}$EG

よって，AF＝$\frac{5}{2}$EG－$\frac{2}{3}$EG＝$\frac{11}{6}$EG　　ゆえに，AF：FD＝11：4

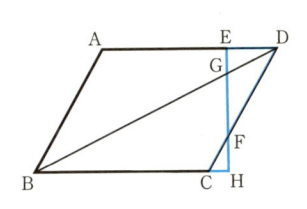

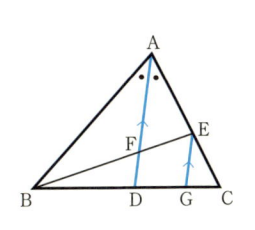

[別解] (2) 線分 AD が ∠A の二等分線であるから，BD：DC＝6：5
△ADC と直線 BFE において，メネラウスの定理より，
$\dfrac{DB}{BC} \times \dfrac{CE}{EA} \times \dfrac{AF}{FD} = 1$　　$\dfrac{6}{11} \times \dfrac{2}{3} \times \dfrac{AF}{FD} = 1$　　$\dfrac{AF}{FD} = \dfrac{11}{4}$

問12 (1) $x = 6$　(2) $x = \dfrac{10}{3}$　(3) $x = 14$

[解説] (1) $(2+x):x = 4:3$　　$6 + 3x = 4x$　　$x = 6$
(2) $9:5 = 6:x$　　$x = \dfrac{10}{3}$
(3) $x:(x-4) = 7:5$　　$5x = 7x - 28$　　$x = 14$

24 $\dfrac{16}{3}$ cm

[解説] BD：DC＝6：3＝2：1，BC＝4 より，DC＝$4 \times \dfrac{1}{2+1} = \dfrac{4}{3}$
BE：EC＝6：3＝2：1，BE＝BC＋CE＝4＋CE より，（4＋CE）：CE＝2：1
CE＝4　　ゆえに，DE＝$\dfrac{4}{3} + 4 = \dfrac{16}{3}$

問13 △DFC，△EFC
問14 4 cm
25 10 倍

[解説] △ABC：△ADC＝AB：AD＝5：2 より，△ABC＝$\dfrac{5}{2}$△ADC
△ADC：△DCE＝AC：EC＝4：1 より，△ADC＝4△DCE
ゆえに，△ABC＝$\dfrac{5}{2} \times 4$△DCE＝10△DCE

26 $\dfrac{7}{12}$ 倍

[解説] 点 A と C を結ぶ。
△ABC：△AEC＝BC：EC＝3：2 より，
△AEC＝$\dfrac{2}{3}$△ABC＝$\dfrac{2}{3} \times \dfrac{1}{2}$□ABCD＝$\dfrac{1}{3}$□ABCD
△ACD：△ACF＝CD：CF＝2：1 より，
△ACF＝$\dfrac{1}{2}$△ACD＝$\dfrac{1}{2} \times \dfrac{1}{2}$□ABCD＝$\dfrac{1}{4}$□ABCD
ゆえに，（四角形 AECF）＝△AEC＋△ACF＝$\left(\dfrac{1}{3} + \dfrac{1}{4}\right)$□ABCD＝$\dfrac{7}{12}$□ABCD

27 $\dfrac{1}{2}$ 倍

[解説] 対角線 AD と CF との交点を O とする。
△AMD：△OMD＝AD：OD＝2：1 より，△AMD＝2△OMD
△OCD：△OMD＝CD：MD＝2：1 より，△OCD＝2△OMD
よって，△AMD＝△OCD
ゆえに，（四角形 ABCM）＝2△OCD，
（五角形 AMDEF）＝4△OCD

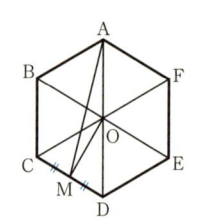

28 20倍

解説 対角線 AC と線分 EF との交点を O とする。
$OF = \frac{1}{2}EF \qquad PE = \frac{2}{5}EF$
よって，$OP = EF - (OF + PE)$
$= EF - \left(\frac{1}{2}EF + \frac{2}{5}EF\right) = \frac{1}{10}EF$
点 B と E，点 C と E を結ぶ。
$\triangle BEF : \triangle AOP = EF : OP = EF : \frac{1}{10}EF = 10 : 1$ より，$\triangle BEF = 10\triangle AOP$
同様にして，$\triangle CEF = 10\triangle COP$
よって，$\triangle BCE = \triangle BEF + \triangle CEF = 10(\triangle AOP + \triangle COP) = 10\triangle ACP$
ゆえに，$\square ABCD = 2\triangle BCE = 20\triangle ACP$

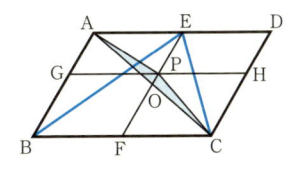

29 $3 : 14$

解説 $\triangle ABC$ と $\triangle AQR$ で，$\angle BAC + \angle QAR = 180°$ より，
$\triangle ABC : \triangle AQR = AB \times AC : AR \times AQ = 3 \times 2 : 5 \times 1 = 6 : 5$
よって，$\triangle AQR = \frac{5}{6}\triangle ABC$
同様にして，$\triangle ABC : \triangle BRP = BC \times BA : BP \times BR = 1 \times 3 : 2 \times 2 = 3 : 4$，
$\triangle ABC : \triangle CPQ = CA \times CB : CQ \times CP = 2 \times 1 : 3 \times 1 = 2 : 3$
よって，$\triangle BRP = \frac{4}{3}\triangle ABC$，$\triangle CPQ = \frac{3}{2}\triangle ABC$
ゆえに，$\triangle PQR = \triangle ABC + \triangle AQR + \triangle BRP + \triangle CPQ$
$= \left(1 + \frac{5}{6} + \frac{4}{3} + \frac{3}{2}\right)\triangle ABC = \frac{14}{3}\triangle ABC$

30 $3 : 1$

解説 $\triangle ABC : \triangle ADE = AB \times AC : AD \times AE = 4 \times 12 : 3 \times 5 = 16 : 5$
$\triangle ADE : \triangle DBF = DA \times DE : DB \times DF = 3 \times 4 : 1 \times 1 = 12 : 1$
$\triangle ADE : \triangle EFC = EA \times ED : EC \times EF = 5 \times 4 : 7 \times 3 = 20 : 21$
よって，$\triangle ADE = \frac{5}{16}\triangle ABC$
$\triangle DBF = \frac{1}{12} \times \frac{5}{16}\triangle ABC = \frac{5}{192}\triangle ABC \qquad \triangle EFC = \frac{21}{20} \times \frac{5}{16}\triangle ABC = \frac{21}{64}\triangle ABC$
ゆえに，$\triangle FBC = \triangle ABC - \triangle ADE - \triangle DBF - \triangle EFC$
$= \left(1 - \frac{5}{16} - \frac{5}{192} - \frac{21}{64}\right)\triangle ABC = \frac{1}{3}\triangle ABC$

31 $\frac{44}{3}$ cm^2

解説 $ED // BC$ より，$\triangle BCF \backsim \triangle DEF$（2角），相似比は $BC : DE = 3 : 1$
よって，$\triangle BCF : \triangle DEF = 3^2 : 1^2 = 9 : 1$ ゆえに，$\triangle DEF = \frac{12}{9} = \frac{4}{3}$
$\triangle BCF : \triangle DCF = BF : DF = 3 : 1$ より，$\triangle DCF = \frac{12}{3} = 4$
また，$\triangle ABD = \triangle BCD = 12 + 4 = 16$
ゆえに，（四角形 ABFE）$= \triangle ABD - \triangle DEF = 16 - \frac{4}{3} = \frac{44}{3}$

2章―合同・相似・等積

32 (1) $5:2$ (2) $175:12$

解説 (1) AD:DB=AE:EC より，DE∥BC　ゆえに，BC:DE=AB:AD=5:2
(2) △ABC∽△ADE より，△ABC:△ADE=$5^2:2^2$=25:4
△ABC:(四角形 DBCE)=25:21 より，△ABC=$\dfrac{25}{21}$(四角形 DBCE) ……①
DE∥BC より，△DEF∽△CBF（2角），相似比は DE:BC=2:5
よって，△DEF:△CBF=$2^2:5^2$=4:25
△DEF:△DBF=EF:BF=2:5　△DEF:△ECF=DF:CF=2:5
よって，(四角形 DBCE)=$\left(1+\dfrac{25}{4}+\dfrac{5}{2}+\dfrac{5}{2}\right)$△DEF=$\dfrac{49}{4}$△DEF ……②
①，②より，△ABC=$\dfrac{25}{21}\times\dfrac{49}{4}$△DEF=$\dfrac{175}{12}$△DEF
ゆえに，△ABC:△DEF=175:12

33 76cm^2

解説 AD∥EC より，△FDA∽△FEC（2角），相似比は 4:1
よって，△AFD=4^2△FEC=16×4=64 ……①
△DFC:△FEC=DF:EF=4:1 より，△DFC=4△FEC=16 ……②
AB∥GC より，AB:CG=AF:CF=DF:EF=4:1
DC:GC=4:1 より，△FGD=$\dfrac{3}{4}$△DFC　②より，△FGD=$\dfrac{3}{4}$×16=12 ……③
①，③より，(四角形 AFGD)=△AFD+△FGD=64+12=76

34 $(\sqrt{3}-\sqrt{2})\text{cm}$

解説 AF=$x$cm，AB=$y$cm とする。
DE∥FG より，△ADE∽△AFG（2角），相似比は 1:x
よって，△ADE:△AFG=1:x^2
$1:x^2=1:2$　$x^2=2$　$x>0$ より，$x=\sqrt{2}$
DE∥BC より，△ADE∽△ABC（2角），相似比は 1:y
よって，△ADE:△ABC=1:y^2
$1:y^2=1:3$　$y^2=3$　$y>0$ より，$y=\sqrt{3}$
ゆえに，FB=AB−AF=$\sqrt{3}-\sqrt{2}$

1 (1) △ABD と △ACF において，△ABC は正三角形であるから，AB=AC
四角形 ADEF はひし形であるから，AD=AF
AF∥BC より，∠ACB=∠FAC=60°（錯角）であるから，∠BAD=∠CAF=60°
したがって，2辺とその間の角がそれぞれ等しいから，△ABD≡△ACF
(2) $25:24$

解説 (2) AC:AD=5:3 より，△ABC:△ABD=5:3　△ABC=$\dfrac{5}{3}$△ABD
AC∥FE, AC:FE=5:3 より，△ACF:△EFC=5:3
△EFC=$\dfrac{3}{5}$△ACF
よって，(四角形 ACEF)=△ACF+△EFC=$\dfrac{8}{5}$△ACF
△ABD=△ACF より，
△ABC:(四角形 ACEF)=$\dfrac{5}{3}$△ABD:$\dfrac{8}{5}$△ACF=25:24

2 (1) $2:3$　(2) 20cm^2

　|解説| (1) AD∥CE より，CF：DF＝CE：DA＝2：3
(2) CF：FD＝2：3 より，CF：CD＝2：5
△BCF：△BCD＝CF：CD＝2：5
よって，△BCF＝$\dfrac{2}{5}$△BCD＝$\dfrac{2}{5}×\dfrac{1}{2}$□ABCD＝$\dfrac{1}{5}×60=12$
△BEF：△BCF＝5：3 より，△BEF＝$\dfrac{5}{3}$△BCF＝$\dfrac{5}{3}×12=20$

3 $\dfrac{2}{3}$cm

　|解説| △AMD：△BMC＝AD：BC＝2：4＝1：2 より，
△AMD＝a とすると，
△BMC＝$2a$，△ABD＝2△AMD＝$2a$
△DBC＝2△BMC＝$4a$
よって，(台形 ABCD)＝$6a$ より，
△MCD＝$6a-(a+2a)=3a$
DN：NC＝△MDN：△MCN＝$2a:a=2:1$ より，
NC＝$2×\dfrac{1}{2+1}=\dfrac{2}{3}$

4 (1) △ABD，△ACE，△DCF

(2) $\dfrac{49}{8}$cm　(3) 3cm

　|解説| (2) △ABD∽△AEF（2角）より，AB：AE＝AD：AF
$8:7=7:\text{AF}$　　AF＝$\dfrac{49}{8}$
(3) △ABD∽△DCF より，AB：DC＝BD：CF
BD＝$x$cm とすると，DC＝$8-x$
CF＝$8-\dfrac{49}{8}=\dfrac{15}{8}$
よって，$8:(8-x)=x:\dfrac{15}{8}$　　$15=(8-x)x$
$x^2-8x+15=0$　　$x=3,\ 5$
BD＜DC より，$x=3$

5 (1) $3:4$　(2) $7:2$

　|解説| (1) 点 D を通り，線分 BE に平行な線をひき，辺 AC との交点を G とする。
DG∥BE より，DG：BE＝CD：CB＝1：3
DG＝$\dfrac{1}{3}$BE
BF：FE＝6：1 より，FE＝$\dfrac{1}{7}$BE
AF：AD＝FE：DG＝$\dfrac{1}{7}$BE：$\dfrac{1}{3}$BE＝3：7 より，AF：FD＝3：4

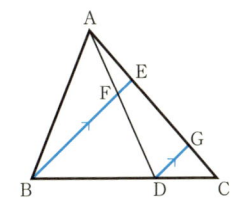

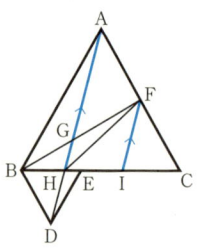

(2) △BDF と △BCE は ∠B を共有するから，
△BDF：△BCE＝BD×BF：BC×BE＝2×6：3×7＝12：21＝4：7
△BDF＝4a，△BCE＝7a とすると，(四角形 CEFD)＝7a－4a＝3a
AF：FD＝3：4 より，△ABF＝$\frac{3}{4}$△BDF＝$\frac{3}{4}$×4a＝3a
BF：FE＝6：1 より，△AFE＝$\frac{1}{6}$△ABF＝$\frac{1}{6}$×3a＝$\frac{1}{2}$a
よって，△ABC＝△BCE＋△ABF＋△AFE＝7a＋3a＋$\frac{1}{2}$a＝$\frac{21}{2}$a
ゆえに，△ABC：(四角形 CEFD)＝$\frac{21}{2}$a：3a＝7：2

|別解| (2) 前ページの図で，FE∥DG，AE：EG：GC＝3：4：2 より，
△AFE＝$\left(\frac{3}{7}\right)^2$△ADG＝$\frac{9}{49}$×$\frac{7}{9}$△ADC＝$\frac{9}{49}$×$\frac{7}{9}$×$\frac{1}{3}$△ABC＝$\frac{1}{21}$△ABC
よって，(四角形 CEFD)＝△ADC－△AFE＝$\left(\frac{1}{3}-\frac{1}{21}\right)$△ABC＝$\frac{2}{7}$△ABC
ゆえに，△ABC：(四角形 CEFD)＝7：2

6 (1) 6：1 (2) 24：1

|解説| (1) D，F はそれぞれ辺 AB，AC の中点であるから，DF∥BC
AH：AE＝1：2 より，AE＝2AH ……①
HG：EG＝FH：BE＝FH：CE＝1：2 より，EG＝2HG
よって，AH＝HE＝3HG ……②
①，② より，AE＝2×3HG＝6HG
(2) HF∥BE より，△HGF∽△EGB (2角)，相似比は FH：BE＝1：2
よって，△HGF：△EGB＝1^2：2^2＝1：4　　△EGB＝4△HGF
AE：GE＝3：1 より，△ABE＝3△EGB
BC：BE＝2：1 より，△ABC＝2△ABE
ゆえに，△ABC＝2×3×4△HGF＝24△HGF

7 (1) 3：8 (2) $\frac{9}{88}$倍 (3) $\frac{34}{77}$倍

|解説| (1) ∠DBC＝∠ACB＝60° より，AC∥BD
ゆえに，BH：CH＝BD：CA＝3：8
(2) AC∥BD より，△BDH∽△CAH (2角)，相似比は 3：8
よって，△BDH：△CAH＝3^2：8^2＝9：64
△BDH＝9a とすると，△CAH＝64a
△BDH：△BAH＝DH：AH＝3：8 より，△BAH＝24a
よって，△ABC＝△CAH＋△BAH＝64a＋24a＝88a
(3) 点 F を通り，線分 AH に平行な直線をひき，辺 BC
との交点を I とすると，BH：HI：IC＝3：4：4
GH∥FI より，△BGH∽△BFI (2角)，相似比は BH：BI＝3：7
よって，△BGH＝9b とすると，△BFI＝49b
BH：HI＝3：4 より，△FHI＝$\frac{4}{7}$△BFI＝$\frac{4}{7}$×49b＝28b
HI＝IC より，△FIC＝△FHI＝28b
よって，△ABC＝2△BFC＝2(△BFI＋△FHI)＝2(49b＋28b)＝154b
(四角形 GHCF)＝△BFC－△BGH＝77b－9b＝68b

8 (1) $1:5$ (2) $\dfrac{19}{120}$ 倍

解説 (1) 線分 AF の延長と辺 DC の延長との交点を H とする。
AB // DH より，AB : HC = BF : CF = 2 : 3
$HC = \dfrac{3}{2}AB$

よって，$DH = CD + CH = \dfrac{5}{2}AB$

AE // DH より，
$EG : DG = AE : HD = \dfrac{1}{2}AB : \dfrac{5}{2}AB = 1 : 5$

(2) △AEG = a とすると，EG : ED = 1 : 6 より，
△AED = $6a$
よって，▱ABCD = 4△AED = $24a$
BF : FC = 2 : 3 より，△ABF = $\dfrac{2}{5}$△ABC = $\dfrac{2}{5} \times \dfrac{1}{2}$▱ABCD = $\dfrac{24}{5}a$

よって，(四角形 BFGE) = $\dfrac{24}{5}a - a = \dfrac{19}{5}a$

9 (1)(i) $6:35$ (ii) $\dfrac{9}{140}$ 倍 (2) $3:5$

解説 (1)(i) AE // BC より，AG : CG = AE : CB = 3 : 4　よって，$AG = \dfrac{3}{7}AC$

AE // FC より，AH : CH = AE : CF = 3 : 2　よって，$AH = \dfrac{3}{5}AC$

ゆえに，$GH = AH - AG = \dfrac{3}{5}AC - \dfrac{3}{7}AC = \dfrac{6}{35}AC$

(ii) △EGH : △EAC = GH : AC = 6 : 35 より，△EGH = $\dfrac{6}{35}$△EAC

△EAC : △DAC = AE : AD = 3 : 4 より，△EAC = $\dfrac{3}{4}$△DAC

△DAC = $\dfrac{1}{2}$▱ABCD

ゆえに，△EGH = $\dfrac{6}{35} \times \dfrac{3}{4} \times \dfrac{1}{2}$▱ABCD = $\dfrac{9}{140}$▱ABCD

(2) 点 B と H，点 D と H を結ぶ。
△HBF = △HFC = $\dfrac{1}{7}$▱ABCD より，△HBC = $\dfrac{2}{7}$▱ABCD

△HBC + △HAD = $\dfrac{1}{2}$▱ABCD より，

△HAD = $\left(\dfrac{1}{2} - \dfrac{2}{7}\right)$▱ABCD = $\dfrac{3}{14}$▱ABCD

△HBC : △HAD = $\dfrac{2}{7} : \dfrac{3}{14} = 4 : 3$ より，HC : HA = CF : AE = 4 : 3

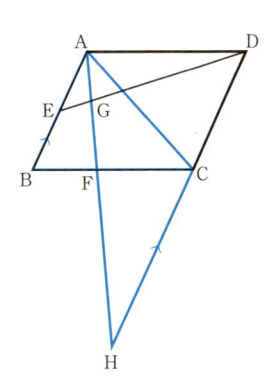

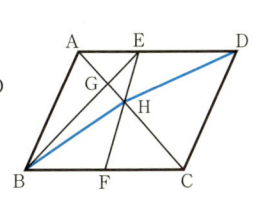

よって，AD : AE = CB : AE = 8 : 3　ゆえに，AE : ED = 3 : 5

3章 円の性質と三平方の定理

問1 (1) $x=18$ (2) $x=120$ (3) $x=162$

1 $8:7:3$

解説 △OAB において，OA＝OB（半径）より，∠OAB＝∠OBA＝$50°$
∠BOA＝$180°-2×50°=80°$
△OAC において，∠OAC＝$180°-(100°+25°)=55°$
△OAE において，OA＝OE（半径）より，∠OEA＝∠OAE＝$55°$
∠AOE＝$180°-2×55°=70°$
よって，∠EOC＝$180°-(80°+70°)=30°$
ゆえに，$\stackrel{\frown}{BA}:\stackrel{\frown}{AE}:\stackrel{\frown}{ED}=$∠BOA：∠AOE：∠EOD＝$8:7:3$

2 (1) $50°$ (2) $4:5$

解説 (1) $\stackrel{\frown}{CE}:\stackrel{\frown}{EB}=2:7$ より，∠CPE＝$180°×\dfrac{2}{2+7}=40°$

AD⊥PE より，∠PEA＝$90°$
(2) OA＝OD より，∠DAO＝∠ADO＝$50°$ より，∠AOD＝$180°-2×50°=80°$
∠DOB＝$180°-80°=100°$
ゆえに，$\stackrel{\frown}{AD}:\stackrel{\frown}{DB}=$∠AOD：∠DOB＝$4:5$

問2 (1) $x=106$ (2) $x=76$ (3) $x=48$

問3 $52°$

3 $b°-\dfrac{1}{2}a°$

解説 ∠ACB＝$\dfrac{1}{2}$∠AOB＝$\dfrac{1}{2}a°$，∠AOB＋∠OBC＝∠OAC＋∠ACB より，

$a°+$∠OBC＝$b°+\dfrac{1}{2}a°$

ゆえに，∠OBC＝$b°-\dfrac{1}{2}a°$

4 $x=42$, $y=29$

解説 ∠AOB＝$2×48°=96°$

OA＝OB（半径）より，$x=\dfrac{1}{2}(180-96)=42$

$y+96=125$　　$y=29$

5 (1) $x=49$ (2) $x=29$ (3) $x=27$ (4) $x=16$ (5) $x=56$

解説 (1) ∠BAD＝$41°$（$\stackrel{\frown}{BD}$に対する円周角），∠ADB＝$90°$ より，
$x=180-(41+90)=49$
(2) ∠CAD＝$x°$（$\stackrel{\frown}{CD}$に対する円周角），AD∥BC より，∠ADB＝$x°$（錯角）
よって，$2x=58$　　$x=29$
(3) ∠BOC＝$2×38°=76°$　　∠COD＝$2x°$
∠DOE＝$2×25°=50°$
よって，$76+2x+50=180$　　$x=27$

(4) ∠CBD=$x°$（$\overparen{CD}$ に対する円周角）
∠BCF=$x°+31°$
よって，$x+x+31=63$　　$x=16$
(5) 線分 AO を延長し，円 O との交点を E とする。
BC∥EA より，∠EOB=32°（錯角）
∠EOD=2×40°=80°
よって，∠BOD=32°+80°=112°　　$x=56$

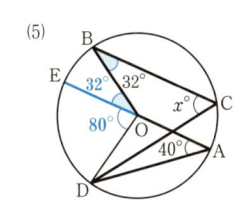

6　$6\pi\,\mathrm{cm}^2$

解説　∠EOF=30° より，∠EPF=2∠EOF=60°
また，PE=PF より，△EPF は正三角形であるから，
∠PFE=60°
∠POF=90°-30°=60°，PO=PF（半径）より，
△POF は正三角形であるから，∠OPF=60°
∠OPF=60°=∠EFP より，PO∥EF
よって，△PEF≡△EOF
ゆえに，求める面積は，半径 12cm，中心角 30° のおうぎ形
の面積から，半径 6cm，中心角 60° のおうぎ形の面積をひけばよいから， 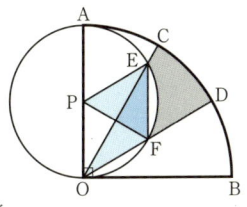
$\pi\times 12^2\times\dfrac{30}{360}-\pi\times 6^2\times\dfrac{60}{360}=6\pi$

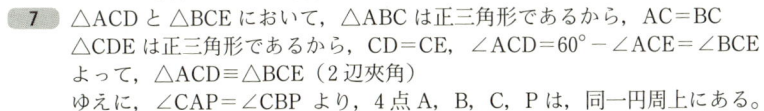

7　△ACD と △BCE において，△ABC は正三角形であるから，AC=BC
△CDE は正三角形であるから，CD=CE，∠ACD=60°-∠ACE=∠BCE
よって，△ACD≡△BCE（2辺夾角）
ゆえに，∠CAP=∠CBP より，4点 A，B，C，P は，同一円周上にある。

問4　(1) $x=75$　(2) $x=128$　(3) $x=5$

8　(1) $x=50$　(2) $x=80$　(3) $x=4\pi$

解説　(1) $\overparen{AB}$，$\overparen{BC}$，$\overparen{CD}$ に対する円周角の和は 90° であるから，
$x=90\times\dfrac{5}{1+5+3}=50$
(2) 点 E と H を結ぶ。
∠IEH=$180°\times\dfrac{1}{9}=20°$
∠EHB=$180°\times\dfrac{3}{9}=60°$
ゆえに，$x=20+60=80$
(3) 点 B と C を結ぶ。
∠ABC+∠DCB=30° より，$\overparen{AC}$ と $\overparen{BD}$ に対する円周角の和は 30° である。
よって，$\overparen{AC}+\overparen{BD}$ は，全円周の $\dfrac{30}{180}=\dfrac{1}{6}$
ゆえに，$x=24\pi\times\dfrac{1}{6}=4\pi$

9　$x=80$

解説　$\overparen{BC}=\overparen{CD}=\overparen{DA}$ より，$\overparen{BC}$ に対する円周角は，$(180°-30°)\times\dfrac{1}{3}=50°$
ゆえに，$x=30+50=80$

10 $\dfrac{5}{2}$ 倍

解説 $\angle BAC = 180° \times \dfrac{5}{7+5+3} = 180° \times \dfrac{5}{15} = 60°$ より，

$\angle BAD = \dfrac{1}{2}(180° - 60°) = 60°$

$\angle ACB = 180° \times \dfrac{7}{15} = 84°$，$\angle BCD = 60°$（$\stackrel{\frown}{BD}$ の円周角）より，$\angle ACD = 84° - 60° = 24°$

ゆえに，$\dfrac{\stackrel{\frown}{BD}}{\stackrel{\frown}{AD}} = \dfrac{\angle BAD}{\angle ACD} = \dfrac{60}{24} = \dfrac{5}{2}$

11 $72°$

解説 点 B と C を結び，$\stackrel{\frown}{AB}$ に対する円周角 $\angle ACB = a°$ とする。
$\stackrel{\frown}{BC} = 2\stackrel{\frown}{AB}$，$\stackrel{\frown}{CD} = 3\stackrel{\frown}{AB}$ より，$\angle BAC = 2a°$，$\angle CBD = 3a°$
$\angle ABE = \angle AEB = \angle ACB + \angle CBD = 4a°$
よって，$2a + 2 \times 4a = 180$　　$a = 18$　　ゆえに，$\angle ABE = 4 \times 18° = 72°$

問5 (1) $x = 84$，$y = 32$　(2) $x = 61$，$y = 18$　(3) $x = 50$，$y = 100$

12 (1) $x = 110$，$y = 125$　(2) $x = 45$，$y = 95$　(3) $x = 49$，$y = 81$

解説 (1) $\angle BAD = 22° + 33° = 55°$ より，$x = 2 \times 55 = 110$，$y = 180 - 55 = 125$
(2) $x + y + 40 = 180$ より，$x + y = 140$ ……①
$\angle CDQ = x°$ より，$y = x + 50$ ……②
①，②より，$x = 45$，$y = 95$
(3) $AD \mathbin{/\mkern-5mu/} BC$ より，$\angle DAC = x°$（錯角）
よって，$(50 + x) + (x + 32) = 180$　　$x = 49$
$x + y + 50 = 180$ より，$x + y = 130$　　ゆえに，$y = 81$

13 (1) $70°$　(2) $\dfrac{4}{3}\pi$ cm

解説 (1) $\angle BCD = 180° - 100° = 80°$

$AB = AD$ より，$\angle ACB = \angle ACD = \dfrac{1}{2} \times 80° = 40°$

$CA = CD$ より，$\angle CAD = \angle CDA = \dfrac{1}{2}(180° - 40°) = 70°$

よって，$\angle BAE = 100° - 70° = 30°$
$\angle ABD = 40°$（$\stackrel{\frown}{AD}$ に対する円周角）であるから，
$\angle BEC = \angle BAE + \angle ABE = 30° + 40° = 70°$

(2) $\angle ACB = 40°$ より，$\stackrel{\frown}{AB} = 6\pi \times \dfrac{40}{180} = \dfrac{4}{3}\pi$

14 (1) $55°$　(2) 6 cm　(3) $7 : 4$

解説 (1) 点 B と E を結ぶ。

$AD = DC$ より，$\angle ABD = \angle DBC = \dfrac{1}{2} \times 70° = 35°$

$AD \mathbin{/\mkern-5mu/} BC$ より，$\angle ADB = 35°$（錯角）

よって，$\angle AEB = 35°$（$\stackrel{\frown}{AB}$ に対する円周角）
$\angle ABE = 90°$
ゆえに，$\angle BAE = 180° - (35° + 90°) = 55°$

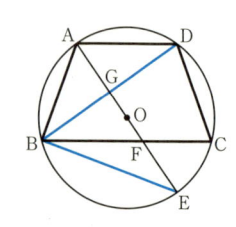

(2) 線分 AE と対角線 BD との交点を G とすると,
△ABG で, ∠AGB＝180°－(55°＋35°)＝90°
△ABG と △FBG において,
∠AGB＝∠FGB＝90°, ∠ABG＝∠FBG＝35°, BG は共通
よって, △ABG≡△FBG（2角夾辺）であるから, AB＝FB
∠ADB＝∠DBC＝35° より, AB＝CD＝6
ゆえに, BF＝6
(3) ∠ADB＝35°, ∠CBE＝90°－70°＝20° より, $\stackrel{\frown}{AB}:\stackrel{\frown}{CE}$＝35°：20°＝7：4

15 20°
  [解説] △BCD で, ∠BCD＝180°－(20°＋60°)＝100°
  ∠BAD＋∠BCD＝80°＋100°＝180°
  よって, 四角形 ABCD は円に内接する。
  ゆえに, ∠CAD＝20°（$\stackrel{\frown}{CD}$ に対する円周角）

16 ∠BAD＝100°, ∠ABD＝31°
  [解説] ∠ABD＝∠ACD より, 四角形 ABCD は円に内接する。
  よって, ∠BAD＝180°－80°＝100°
  ∠ABD＝∠ACD＝$x°$ とすると, ∠DBC＝76°－$x°$, ∠ACB＝80°－$x°$
  △EBC において, $(76-x)+(80-x)=94$ $x=31$

問6 (1) $x=40$, $y=35$ (2) $x=150$, $y=75$

17 (1) $x=66$ (2) $x=76$ (3) $x=12$
  [解説] (1) 点 O と P を結ぶと, ∠OPC＝90° より, ∠AOP＝42°＋90°＝132°
  (2) 点 O と P を結ぶ。
  ∠BPC＝180°－(54°＋26°)＝100° より, ∠BAC＝80°
  AB＝AC より, ∠OAB＝∠OAC＝$\frac{1}{2}$∠BAC＝40°
  よって, ∠OBA＝∠OAB＝40°
  ∠OBP＝∠OPB＝90°－54°＝36°　ゆえに, $x=40+36=76$
  (3) 点 C と P を結ぶと, ∠BPC＝$x°$（$\stackrel{\frown}{BC}$ に対する円周角）
  ∠OPD＝90° より, ∠POD＝90°－24°＝66°
  よって, ∠BPO＝66°－45°＝21°
  ∠OCP＝∠OPC＝$x°$＋21° より, $2(x+21)=66$　　$x=12$

18 AE＝3cm, CD＝6cm
  [解説] AE＝AF＝$x$cm, CD＝CE＝$y$cm とすると, BD＝BF＝8－x
  $8-x+y=11$ より, $-x+y=3$ ……①
  $x+y=9$ ……②　　①, ②より, $x=3$, $y=6$

19 30 cm
  [解説] AD＝CD, BE＝CE より,
  PD＋DE＋PE＝PD＋CD＋CE＋PE＝(PD＋AD)＋(PE＋BE)＝PA＋PB＝30

20 ∠EOF＝114°, ∠EDF＝123°
  [解説] 接線 AB, AC と円 O との接点をそれぞれ G, H とすると,
  ∠GOH＝180°－2×24°＝132°
  ∠GOB＝∠DOB, ∠HOC＝∠DOC より, ∠EOF＝$\frac{1}{2}$(360°－132°)＝114°
  ゆえに, ∠EDF＝$\frac{1}{2}$(360°－114°)＝123°

問7 $4:9$

問8 $PB=6\,cm$, $PC=\dfrac{15}{2}\,cm$

21 $\dfrac{15}{7}\,cm$

　解説　点 A と B, 点 C と D を結ぶと，△ABE∽△DCE（2角）となる。
　AE：DE＝BE：CE より，$5:DE=7:3$　　$DE=\dfrac{15}{7}$

22 (1) △ABE と △ACB において，∠BAE＝∠CAB（共通）
　AD＝AB（仮定）より，∠ABE＝∠ACB
　ゆえに，△ABE∽△ACB（2角）

(2) $\dfrac{39}{7}\,cm$

　解説 (2) △ABE∽△ACB より，AE：AB＝AB：AC　　$AE:5=5:8$　　$AE=\dfrac{25}{8}$
　BE：CB＝AB：AC より，$BE:7=5:8$　　$BE=\dfrac{35}{8}$
　△DCE と △ABE において，
　∠DCE＝∠ABE（$\overparen{AD}$ に対する円周角），∠DEC＝∠AEB（対頂角）
　よって，△DCE∽△ABE（2角）
　CD：BA＝CE：BE より，$CD:5=\left(8-\dfrac{25}{8}\right):\dfrac{35}{8}$　　$CD=\dfrac{39}{7}$

23 $5\sqrt{2}\,cm$

　解説　△ABD と △AEB において，AB＝AC より，∠ADB＝∠ACB＝∠ABE
　∠BAD＝∠EAB（共通）
　よって，△ABD∽△AEB（2角）　　ゆえに，AB：AE＝AD：AB
　AB＝10, AE＝2AD より，$10:2AD=AD:10$　　$AD^2=50$
　AD＞0 より，$AD=5\sqrt{2}$

24 (1) △ABE と △DCA において，∠ABE＝∠DCA（$\overparen{AD}$ に対する円周角）……①
　AE∥BC より，∠AEB＝∠EBC（錯角）
　∠EBC＝∠DAC（$\overparen{CD}$ に対する円周角）
　よって，∠AEB＝∠DAC ……②
　①，②より，△ABE∽△DCA（2角）

(2) $16:171$

　解説 (2) △AFE：△ABE＝FE：BE＝1：3 より，△ABE＝3△AFE ……③
　(1)より，△ABE∽△DCA で，相似比は AB：DC＝4：5 であるから，
　△ABE：△DCA＝$4^2:5^2=16:25$
　よって，△DCA＝$\dfrac{25}{16}$△ABE＝$\dfrac{25}{16}\times 3$△AFE＝$\dfrac{75}{16}$△AFE ……④
　AE∥BC より，△AFE∽△CFB，相似比は FE：FB＝1：2
　△AFE：△CFB＝$1^2:2^2=1:4$ より，△CFB＝4△AFE ……⑤
　③，④，⑤より，（四角形 ABCD）＝△ABE＋△DCA＋△CFB－△AFE
　＝$\left(3+\dfrac{75}{16}+4-1\right)$△AFE＝$\dfrac{171}{16}$△AFE

25 (1) CD＝1cm，AE＝3cm　(2) 7：3

解説 (1) △ABC と △BCD は，底辺が等しい二等辺三角形であるから，
△ABC∽△BCD
AB：BC＝BC：CD より，4：2＝2：CD　　CD＝1
△BCD と △AED において，
∠CBD＝∠EAD（$\overgroup{CE}$ に対する円周角），∠BDC＝∠ADE（対頂角）
よって，△BCD∽△AED（2角）
ゆえに，△ABC∽△BCD∽△AED
したがって，AE＝AD＝4－1＝3

(2) AD：DE＝2：1 より，DE＝$\frac{3}{2}$

よって，BE＝BD＋DE＝2＋$\frac{3}{2}$＝$\frac{7}{2}$

AE∥GC より，CD：AD＝GD：ED　　1：3＝GD：$\frac{3}{2}$　　GD＝$\frac{1}{2}$

よって，BG＝BD－GD＝2－$\frac{1}{2}$＝$\frac{3}{2}$

FG∥AE より，AE：FG＝BE：BG＝$\frac{7}{2}$：$\frac{3}{2}$＝7：3

別解 (2) △FBC と △AEB において，
FC∥AE より，∠CFB＝∠BAE（同位角）
∠CBF＝∠BCA＝∠BEA
よって，△FBC∽△AEB（2角）
ゆえに，CF：FB＝BA：AE＝4：3 ……①
∠FAC＝∠EAD＝∠FCA より，△FAC は二等辺三角形であるから，FA＝FC
よって，①より，AF：FB＝4：3
AE∥FG より，AE：FG＝AB：FB＝7：3

問9 (1) $x=\sqrt{29}$　(2) $x=\sqrt{21}$　(3) $x=3\sqrt{3}$

問10 $x=9$

解説 $(x-1)^2+(x-3)^2=(x+1)^2$　　$x^2-10x+9=0$　　$x=1, 9$
$x>3$ より，$x=9$

問11 $\left(\frac{8}{3}\pi-2\sqrt{3}\right)$cm^2

解説 $\overgroup{AC}$：$\overgroup{CB}$＝1：2 より，∠COD＝60°

∠ODC＝90° より，OD＝$\frac{1}{2}$OC＝2，CD＝$\frac{\sqrt{3}}{2}$OC＝$2\sqrt{3}$

ゆえに，求める面積は，$\frac{1}{6}\times\pi\times4^2-\frac{1}{2}\times2\times2\sqrt{3}=\frac{8}{3}\pi-2\sqrt{3}$

26 20πcm

解説 △OCE で，OC＝15，OE＝30，∠OCE＝90° より，∠EOC＝60°
よって，∠BOE＝120°

ゆえに，$\overgroup{BE}=2\pi\times30\times\frac{120}{360}=20\pi$

27 (1) $2\sqrt{3}$ cm (2) $\left(\dfrac{4}{3}\pi-\sqrt{3}\right)$ cm²

解説 (1) $\overparen{AP}:\overparen{PB}=2:1$ より，$\angle POB=60°$
点 P から直径 AB に垂線 PH をひくと，$\angle POB=60°$，$OP=2$ より，
$PH=\dfrac{\sqrt{3}}{2}OP=\sqrt{3}$

$\angle AOP=120°$ より，$\angle PAH=30°$ であるから，$AP=2PH=2\sqrt{3}$
(2) 求める面積は，
（おうぎ形 OAP）$-\triangle OAP=\pi\times 2^2\times\dfrac{120}{360}-\dfrac{1}{2}\times 2\times\sqrt{3}=\dfrac{4}{3}\pi-\sqrt{3}$

問12 (1) $4\sqrt{5}$ cm (2) $3\sqrt{5}$ cm

問13 25π cm²

解説 点 O から弦 AB に垂線 OH をひく。
$OB^2-OH^2=BH^2=5^2=25$
ゆえに，求める面積は，$\pi\times OB^2-\pi\times OH^2=\pi\times BH^2=25\pi$

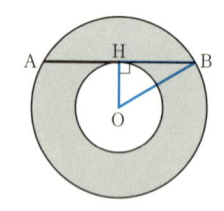

28 (1) $(2+\sqrt{2})$ cm (2) $(2\pi+4)$ cm²

解説 (1) 右の図で，四角形 OFDE は正方形であり，
$OD=2$ であるから，$DE=\sqrt{2}$
ゆえに，$AD=2+\sqrt{2}$
(2) 求める面積は，（半円）$+\triangle DHI$ であるから，
$\dfrac{1}{2}\times\pi\times 2^2+\dfrac{1}{2}\times(2\sqrt{2})^2=2\pi+4$

問14 (1) $2\sqrt{7}$ cm (2) $(36\sqrt{3}-12\pi)$ cm²

解説 (2) $OA=6$，$OP=12$，$\angle OAP=90°$ より，
$AP=6\sqrt{3}$，$\angle AOP=60°$

29 (1) $CH=\dfrac{5}{2}$ cm，$AM=\sqrt{21}$ cm (2) $10\sqrt{3}$ cm²

解説 (1) $CH=x$ cm とすると，$BH=8-x$
直角三角形 ABH において，$AH^2=7^2-(8-x)^2$
直角三角形 ACH において，$AH^2=5^2-x^2$
よって，$7^2-(8-x)^2=5^2-x^2$　　$16x=40$　　$x=\dfrac{5}{2}$

$AH=\sqrt{5^2-\left(\dfrac{5}{2}\right)^2}=\dfrac{5\sqrt{3}}{2}$

ゆえに，直角三角形 AMH において，
$AM=\sqrt{MH^2+AH^2}=\sqrt{\left(4-\dfrac{5}{2}\right)^2+\left(\dfrac{5\sqrt{3}}{2}\right)^2}=\sqrt{21}$

(2) $\triangle ABC=\dfrac{1}{2}\times 8\times\dfrac{5\sqrt{3}}{2}=10\sqrt{3}$

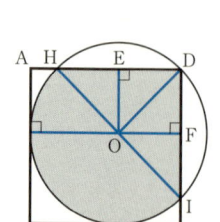

参考 △ABC で，辺 BC の中点を M とするとき，
$AB^2+AC^2=2(AM^2+BM^2)$ （中線定理）
が成り立つ。

30 $(3+3\sqrt{3})$ cm

解説 △ABE と △ADF において，
∠ABE=∠ADF=90°，AB=AD，AE=AF
よって，△ABE≡△ADF（斜辺と1辺）
BE=DF より，CE=CF=x cm とすると，
△CEF=$\frac{1}{2} \times x^2 = 18$　　$x^2=36$
$x>0$ より，$x=6$
よって，EF=$6\sqrt{2}$
AB=y cm とすると，BE=$y-6$
直角三角形 ABE において，$y^2+(y-6)^2=(6\sqrt{2})^2$　　$y^2-6y-18=0$
$y>0$ より，$y=3+3\sqrt{3}$

31 (1) $\frac{75}{4}$ cm^2 (2) $\frac{128-32\sqrt{7}}{3}$ cm^2

解説 (1) △ADE と △CBE において，∠ADE=∠CBE=90°
∠AED=∠CEB（対頂角）より，∠DAE=∠BCE
AD=CB
よって，△ADE≡△CBE（2角夾辺）
AE=CE=x cm とすると，DE=$8-x$
直角三角形 ADE において，$6^2+(8-x)^2=x^2$　　$16x=100$　　$x=\frac{25}{4}$
ゆえに，△AEC=$\frac{1}{2} \times$ AE $\times$ CB = $\frac{1}{2} \times \frac{25}{4} \times 6 = \frac{75}{4}$

(2) 直角三角形 DBC において，DB=$\sqrt{8^2-6^2}=\sqrt{28}=2\sqrt{7}$
よって，AD=$8-2\sqrt{7}$
DE=y cm とすると，AE=$6-y$
直角三角形 ADE において，
$(6-y)^2+(8-2\sqrt{7})^2=y^2$　　$12y=128-32\sqrt{7}$　　$y=\frac{32-8\sqrt{7}}{3}$
ゆえに，△CDE=$\frac{1}{2} \times$ DE $\times$ DC = $\frac{1}{2} \times \frac{32-8\sqrt{7}}{3} \times 8 = \frac{128-32\sqrt{7}}{3}$

32 (1) $\frac{5}{8}$ cm (2) $\frac{5\sqrt{2}}{12}$ cm (3) $\frac{5\sqrt{5}}{24}$ cm

解説 (1) DM=x cm とすると，DB=$1-x$
BM=$\frac{1}{2}$
直角三角形 DBM において，$(1-x)^2+\left(\frac{1}{2}\right)^2=x^2$　　$2x=\frac{5}{4}$　　$x=\frac{5}{8}$

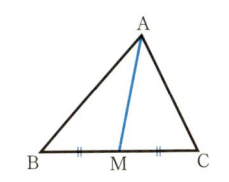

(2) $AE = y$ cm とすると，$EM = y$，$EC = \sqrt{2} - y$
点 M から線分 CE に垂線 MH をひく． 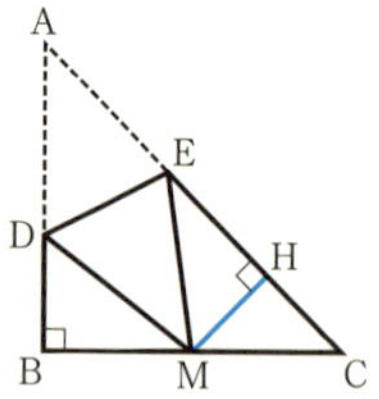
$MH = CH = \dfrac{1}{\sqrt{2}} MC = \dfrac{\sqrt{2}}{4}$ より，
$EH = \sqrt{2} - y - \dfrac{\sqrt{2}}{4} = \dfrac{3\sqrt{2}}{4} - y$
直角三角形 MHE において，
$\left(\dfrac{3\sqrt{2}}{4} - y\right)^2 + \left(\dfrac{\sqrt{2}}{4}\right)^2 = y^2$　　$\dfrac{3\sqrt{2}}{2} y = \dfrac{5}{4}$　　$y = \dfrac{5\sqrt{2}}{12}$

(3) 点 E から辺 AB に垂線 EK をひく．
$AE = \dfrac{5\sqrt{2}}{12}$，$KE /\!/ BC$ より，$AK : AB = AE : AC = \dfrac{5\sqrt{2}}{12} : \sqrt{2} = 5 : 12$

$EK = AK = \dfrac{5}{12} AB = \dfrac{5}{12}$

$DK = AD - AK = \dfrac{5}{8} - \dfrac{5}{12} = \dfrac{5}{24}$

ゆえに，直角三角形 EKD において，$DE = \sqrt{\left(\dfrac{5}{24}\right)^2 + \left(\dfrac{5}{12}\right)^2} = \dfrac{5\sqrt{5}}{24}$

[別解] (3) $AM = \sqrt{1^2 + \left(\dfrac{1}{2}\right)^2} = \dfrac{\sqrt{5}}{2}$ より，

(四角形 ADME) $= \dfrac{1}{2} \times AM \times DE = \dfrac{\sqrt{5}}{4} DE$

$\triangle DBM = \dfrac{1}{2} \times \dfrac{1}{2} \times \left(1 - \dfrac{5}{8}\right) = \dfrac{3}{32}$

$\triangle MCE = \dfrac{1}{2} \times \left(\sqrt{2} - \dfrac{5\sqrt{2}}{12}\right) \times \dfrac{\sqrt{2}}{4} = \dfrac{7}{48}$

よって，(四角形 ADME) $= \dfrac{1}{2} - \dfrac{3}{32} - \dfrac{7}{48} = \dfrac{25}{96}$

$\dfrac{\sqrt{5}}{4} DE = \dfrac{25}{96}$ より，$DE = \dfrac{5\sqrt{5}}{24}$

33 $2\sqrt{6}$ cm

[解説] $OP = 5$
点 P から線分 OA に垂線 PH をひくと，$OH = 3 - 2 = 1$
直角三角形 OPH において，$PH = \sqrt{OP^2 - OH^2} = \sqrt{5^2 - 1^2} = 2\sqrt{6}$
$AB = PH$ より，$AB = 2\sqrt{6}$

34 3 cm

[解説] 円 O の半径を x cm とする．
右の図で，$OE = OF = x$，$PG = PH = 2$
直角三角形 OPI で，
$OP = x + 2$，$OI = 7 - x$，$PI = 6 - x$ であるから，
$(7-x)^2 + (6-x)^2 = (x+2)^2$　　$x^2 - 30x + 81 = 0$
$(x - 3)(x - 27) = 0$　　$x = 3, 27$
$0 < x < 6$ より，$x = 3$

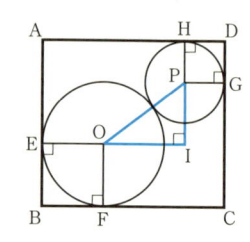

35 (1) 168cm^2 (2) $\dfrac{21}{4}$cm (3) $\dfrac{189}{64}$cm

解説 (1) 辺 AC の中点を M とすると，AM＝7，∠AMB＝90° より，
BM＝$\sqrt{AB^2-AM^2}=\sqrt{25^2-7^2}=24$

ゆえに，△ABC＝$\dfrac{1}{2}\times14\times24=168$

(2) 円 O の半径を $r$cm とすると，△OAB＋△OBC＋△OCA＝△ABC より，
$\dfrac{1}{2}\times(25+25+14)\times r=168$ $r=\dfrac{168}{32}=\dfrac{21}{4}$

(3) 右の図のように，円 O，P と辺 BC との接点を
それぞれ D，E とし，円 P の半径を $p$cm とする。
PE∥OD より，OD：PE＝BO：BP
$\dfrac{21}{4}:p=\left(24-\dfrac{21}{4}\right):\left(24-\dfrac{21}{4}\times2-p\right)$
$32p=\dfrac{189}{2}$ $p=\dfrac{189}{64}$

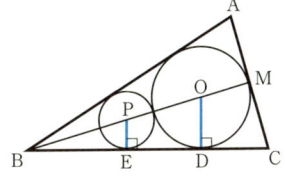

36 (1) 5cm (2) $\dfrac{21}{4}\pi\text{cm}^2$

解説 (1) 右の図のように，円 O と等脚台形 ABCD
との接点を E，F，G とする。
AB＝AE＋EB＝AG＋BF＝$\dfrac{3}{2}+\dfrac{7}{2}=5$

(2) 頂点 A から辺 BC に垂線 AH をひく。
BH＝$\dfrac{1}{2}$(BC－AD)＝$\dfrac{1}{2}$(7－3)＝2
直角三角形 ABH において，
AH＝$\sqrt{AB^2-BH^2}=\sqrt{5^2-2^2}=\sqrt{21}$

ゆえに，円 O の面積は，$\pi\times\left(\dfrac{\sqrt{21}}{2}\right)^2=\dfrac{21}{4}\pi$

37 (1) $\dfrac{5}{2}$cm (2) $\left(\dfrac{25}{8}\pi-6\right)\text{cm}^2$

解説 (1) 右の図において，∠DCH＝90° であるから，
DH は円 O の直径である。
点 O から辺 CD に垂線 OF をひく。
円 O の半径を $x$cm とすると，
OF＝$4-x$，OC＝x，CF＝2 より，直角三角形 OCF において，
$(4-x)^2+2^2=x^2$ $8x=20$ $x=\dfrac{5}{2}$

(2) 右の図において，CG＝OF＝$4-\dfrac{5}{2}=\dfrac{3}{2}$ より，
CH＝$2\times\dfrac{3}{2}=3$

ゆえに，求める面積は，$\dfrac{1}{2}\times\pi\times\left(\dfrac{5}{2}\right)^2-\dfrac{1}{2}\times4\times3=\dfrac{25}{8}\pi-6$

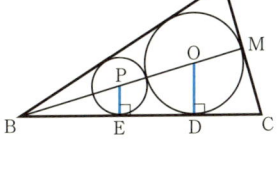

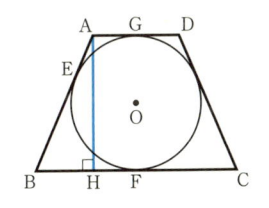

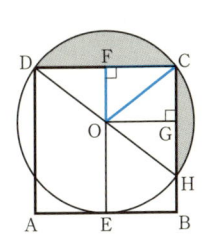

38 (1) $(3\sqrt{3}-\pi)\,\text{cm}^2$ (2) $\left(\dfrac{5\sqrt{3}}{4}-\dfrac{\pi}{2}\right)\text{cm}^2$

解説 (1) 右の図で，$\angle\text{OAD}=30°$，$\angle\text{ADO}=90°$
よって，$\text{AD}=\sqrt{3}\,\text{OD}=3$
$\angle\text{DOE}=120°$ より，求める面積は，
(四角形 ADOE)－(おうぎ形 ODE)
$=\left(\dfrac{1}{2}\times 3\times\sqrt{3}\right)\times 2-\dfrac{1}{3}\times\pi\times(\sqrt{3})^2=3\sqrt{3}-\pi$

(2) $\text{OG}=\dfrac{1}{2}\text{OD}=\dfrac{\sqrt{3}}{2}$

$\text{OH}=\text{AH}-\text{AO}=\sqrt{3}\,\text{BH}-2\text{OD}=\dfrac{5\sqrt{3}}{2}-2\sqrt{3}=\dfrac{\sqrt{3}}{2}$

$\text{OE}=\text{OF}=\sqrt{3}$，$\text{OG}=\text{OH}=\dfrac{\sqrt{3}}{2}$，$\angle\text{OGE}=\angle\text{OHF}=90°$ であるから，
$\angle\text{EOG}=\angle\text{FOH}=60°$ より，$\angle\text{EOF}=60°$
よって，△OEF は正三角形である。
$\text{AE}=\text{AD}=3$ より，$\text{EC}=2$
また，$\angle\text{EFC}=90°$，$\angle\text{C}=60°$ より，$\text{EF}=\dfrac{\sqrt{3}}{2}\text{EC}=\sqrt{3}$，$\text{FC}=\dfrac{1}{2}\text{EC}=1$
ゆえに，求める面積は，△CEF－{(おうぎ形 OEF)－△OEF}
$=\dfrac{1}{2}\times 1\times\sqrt{3}-\left\{\dfrac{1}{6}\times\pi\times(\sqrt{3})^2-\dfrac{\sqrt{3}}{4}\times(\sqrt{3})^2\right\}=\dfrac{5\sqrt{3}}{4}-\dfrac{\pi}{2}$

39 (1) $30°$ (2) $9\,\text{cm}$ (3) $\left(\dfrac{81}{4}\sqrt{3}-\dfrac{9}{2}\pi\right)\text{cm}^2$

解説 (1) $\angle\text{BPC}=90°$，$\angle\text{APC}=120°$ より，$\angle\text{APB}=30°$
AD が円 O の接線であるから，$\angle\text{OPB}=90°-30°=60°$
また，$\text{OB}=\text{OP}$（半径）より，△OBP は正三角形で
あるから，$\angle\text{BOP}=60°$
ゆえに，$\angle\text{PAC}=30°$

(2) △ABP は $\text{AB}=\text{BP}$ の二等辺三角形である。
△BCP は $\angle\text{PBC}=60°$ の直角三角形であるから，$\text{AB}=\text{BP}=\dfrac{1}{2}\text{BC}=6$
よって，$\text{AC}=\text{AB}+\text{BC}=18$
(3) 大きい円の中心を Q とする。
$\angle\text{CQD}=2\angle\text{CAD}=60°$
ゆえに，求める面積は，(おうぎ形 QCD)＋△QAD－(半円 O)
$=\dfrac{1}{6}\times\pi\times 9^2+\dfrac{1}{2}\times 9\times\dfrac{9\sqrt{3}}{2}-\dfrac{1}{2}\times\pi\times 6^2=\dfrac{81}{4}\sqrt{3}-\dfrac{9}{2}\pi$

40 (1) $\dfrac{\sqrt{85}}{2}\,\text{cm}$ (2) $30\,\text{cm}^2$ (3) $7:3$

解説 (1) $\angle\text{BAD}=90°$ より，$\text{BD}=\sqrt{\text{AB}^2+\text{AD}^2}=\sqrt{7^2+6^2}=\sqrt{85}$
(2) $\angle\text{BCD}=90°$ より，$\text{BC}=\sqrt{\text{BD}^2-\text{CD}^2}=\sqrt{85-2^2}=9$
ゆえに，(四角形 ABCD)＝△ABD＋△BCD$=\dfrac{1}{2}\times 7\times 6+\dfrac{1}{2}\times 9\times 2=30$

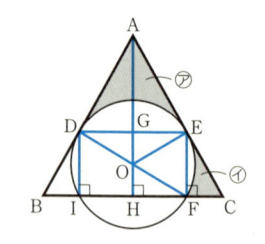

(3) (2)より，△ABD=21，△BCD=9
△ABD と △BCD は底辺 BD を共有するから，△ABD：△BCD=AP：PC=21：9

41 (1) $3\sqrt{6}$ cm　(2) $1:\sqrt{3}$　(3) $2:1$

解説 (1) $\stackrel{\frown}{AB}=2\stackrel{\frown}{BE}$ より，$\angle ACB=\dfrac{2}{3}\times 90°=60°$

$\stackrel{\frown}{AC}=\stackrel{\frown}{CE}$ より，△AEC は AC=CE の直角二等辺三角形であるから，

$AC=\dfrac{1}{\sqrt{2}}AE=6\sqrt{2}$

ゆえに，$AH=\dfrac{\sqrt{3}}{2}AC=3\sqrt{6}$

(2) $\angle ABE=90°$，$\angle AEB=60°$ より，$AB=\dfrac{\sqrt{3}}{2}AE=6\sqrt{3}$

直角三角形 ABH において，$BH=\sqrt{AB^2-AH^2}=\sqrt{(6\sqrt{3})^2-(3\sqrt{6})^2}=3\sqrt{6}$

ゆえに，$CH:HB=3\sqrt{2}:3\sqrt{6}=1:\sqrt{3}$

(3) △ACD と △BED において，

$\angle ACD=\angle BED$（$\stackrel{\frown}{AB}$ に対する円周角），$\angle ADC=\angle BDE$（対頂角）

よって，△ACD∽△BED（2角），相似比は $AC:BE=6\sqrt{2}:6=\sqrt{2}:1$

ゆえに，△ACD：△BED=2：1

42 (1) $8\sqrt{2}$ cm　(2) $\sqrt{2}$ cm　(3) $\dfrac{28}{3}$ cm　(4) $\dfrac{16\sqrt{2}}{3}$ cm

解説 (1) 直角三角形 ADB において，$BD=\sqrt{AB^2-AD^2}=\sqrt{12^2-4^2}=\sqrt{128}=8\sqrt{2}$

(2) △CDE と △BAE において，

$\angle CDE=\angle BAE$（$\stackrel{\frown}{BC}$ に対する円周角），$\angle CED=\angle BEA$（対頂角）

よって，△CDE∽△BAE（2角），相似比は $CD:BA=4:12=1:3$

よって，$DE=x$ cm とすると，$AE=3x$

直角三角形 DAE において，$4^2+x^2=(3x)^2$　　$x^2=2$

$x>0$ より，$x=\sqrt{2}$

(3) $BE=8\sqrt{2}-\sqrt{2}=7\sqrt{2}$　　$AE=3\sqrt{2}$

△DEA と △CEB において，$\angle ADE=\angle BCE=90°$，$\angle AED=\angle BEC$（対頂角）

よって，△DEA∽△CEB（2角）

$AD:BC=AE:BE$ より，$4:BC=3\sqrt{2}:7\sqrt{2}$　　$BC=\dfrac{4\times 7\sqrt{2}}{3\sqrt{2}}=\dfrac{28}{3}$

(4) $DE:CE=AE:BE$ より，$\sqrt{2}:CE=3\sqrt{2}:7\sqrt{2}$　　$CE=\dfrac{\sqrt{2}\times 7\sqrt{2}}{3\sqrt{2}}=\dfrac{7\sqrt{2}}{3}$

ゆえに，$AC=3\sqrt{2}+\dfrac{7\sqrt{2}}{3}=\dfrac{16\sqrt{2}}{3}$

43 (1) 1 cm　(2) 6 cm　(3) $6\sqrt{2}$ cm　(4) $12\sqrt{7}$ cm²

解説 (1) $CH=x$ cm とする。

直角三角形 AHC において，$AH^2=8^2-x^2$

直角三角形 ABH において，$AH^2=12^2-(10-x)^2$

よって，$8^2-x^2=12^2-(10-x)^2$　　$20x=20$　　$x=1$

(2) AE は∠A の二等分線であるから，BD：DC＝AB：AC＝12：8＝3：2

ゆえに，BD＝$\dfrac{3}{3+2}$BC＝6

(3) AH＝$\sqrt{8^2-1^2}$＝$3\sqrt{7}$　　DH＝10－(6＋1)＝3

ゆえに，直角三角形 ADH において，AD＝$\sqrt{(3\sqrt{7})^2+3^2}$＝$6\sqrt{2}$

(4) △ABE と △ADC において，

∠BAE＝∠DAC（仮定），∠AEB＝∠ACD（$\overarc{AB}$ に対する円周角）

よって，△ABE∽△ADC（2角），相似比は AB：AD＝12：$6\sqrt{2}$＝$\sqrt{2}$：1

ゆえに，△ABE：△ADC＝2：1

△ADC＝$\dfrac{1}{2}$×4×$3\sqrt{7}$＝$6\sqrt{7}$　より，△ABE＝$12\sqrt{7}$

問15 (1) $4\sqrt{3}$ cm　(2) $4\sqrt{6}$ cm

問16 $9\sqrt{35}\,\pi$ cm³

問17 $36\sqrt{7}$ cm³

問18 半径 $2\sqrt{5}$ cm，面積 20π cm²

問19 $10\sqrt{2}$ cm

解説　円すいの底面になる円の中心を H とすると，その円の半径は 4cm であるから，
AH＝$\sqrt{12^2-4^2}$＝$8\sqrt{2}$，OH＝$\sqrt{(2\sqrt{5})^2-4^2}$＝$2\sqrt{2}$

問20 (1) 1：7：19　(2) 1：3：5

44 (1) 16π cm²　(2) $6\sqrt{3}$ cm

解説　(1) 円すいの高さを h cm とすると，$\dfrac{1}{3}\pi\times 2^2\times h$＝$\dfrac{16\sqrt{2}}{3}\pi$　　h＝$4\sqrt{2}$

よって，母線の長さは，$\sqrt{(4\sqrt{2})^2+2^2}$＝$\sqrt{36}$＝6

ゆえに，求める表面積は，$\pi\times 2^2+\pi\times 6^2\times\dfrac{2}{6}$＝$16\pi$

(2) 円すいの頂点を O とする。
側面を母線 OA で切ってできる展開図は，右の図のようなおうぎ形 OAA′ になり，中心角の大きさは，
360°×$\dfrac{2}{6}$＝120°

糸の長さが最も短くなるとき，求める長さは図の線分 AA′ の長さに等しい。
点 O から線分 AA′ に垂線 OH をひくと，∠AOH＝60° であるから，
AA′＝2AH＝2×$\dfrac{\sqrt{3}}{2}$OA＝$6\sqrt{3}$

45 (1) $\dfrac{4\sqrt{2}}{3}$ cm³　(2) $\sqrt{3}$ cm　(3) $\dfrac{\sqrt{3}}{4}$ cm²

解説　(1) 頂点 O から底面 ABCD に垂線 OH をひく。
△OAC は，OA＝OC＝2，AC＝$2\sqrt{2}$ より，直角二等辺三角形であるから，
OH＝$\dfrac{OA}{\sqrt{2}}$＝$\sqrt{2}$

ゆえに，求める体積は，$\dfrac{1}{3}\times 2^2\times\sqrt{2}$＝$\dfrac{4\sqrt{2}}{3}$

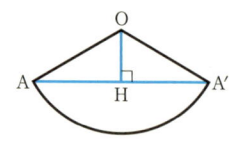

(2) $ON=\dfrac{\sqrt{3}}{2}OB=\sqrt{3}$ $AN=\sqrt{2^2+1^2}=\sqrt{5}$

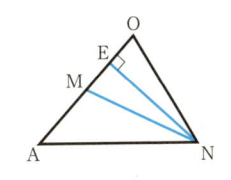

右の図の三角形 OAN において，頂点 N から辺 OA に
ひいた垂線を NE とし，$OE=x$ cm とすると，
$(\sqrt{3})^2-x^2=(\sqrt{5})^2-(2-x)^2$ $4x=2$ $x=\dfrac{1}{2}$

ゆえに，E は線分 MO の中点であるから，$MN=ON=\sqrt{3}$

(3) 右の図のように，側面の展開図の一部をかくと，
四角形 OABC はひし形であるから，線分 MN は線分
OB の中点で交わる。 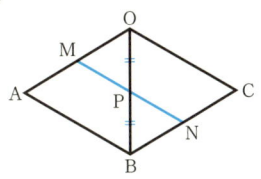
よって，P は線分 OB の中点である。
正四角すい O-ABCD で，△PMN は $PM=PN=1$，
$MN=\sqrt{3}$ の二等辺三角形である。
点 P から線分 MN にひいた垂線の長さは，
$\sqrt{PM^2-\left(\dfrac{MN}{2}\right)^2}=\sqrt{1^2-\left(\dfrac{\sqrt{3}}{2}\right)^2}=\dfrac{1}{2}$

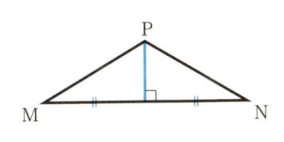

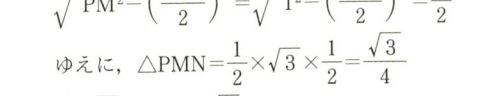

ゆえに，$\triangle PMN=\dfrac{1}{2}\times\sqrt{3}\times\dfrac{1}{2}=\dfrac{\sqrt{3}}{4}$

46 (1) $\sqrt{2}$ 倍 (2) $2\sqrt{2}$ cm

解説 (1) 右の展開図で，⑦の糸は線分 A'G，
④の糸は線分 AE である。 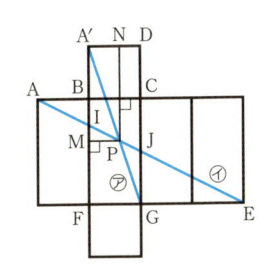
$AE=\sqrt{4^2+8^2}=\sqrt{80}=4\sqrt{5}$
$A'G=\sqrt{6^2+2^2}=\sqrt{40}=2\sqrt{10}$
ゆえに，$\dfrac{4\sqrt{5}}{2\sqrt{10}}=\sqrt{2}$

(2) 右の図で，線分 AE と BF，CG との交点を
それぞれ I，J とする。
$\triangle ACJ\equiv\triangle EGJ$ より，$CJ=GJ=2$
$BI /\!/ CJ$ より，$BI:CJ=AB:AC=1:2$
$BI=1$ より，$A'I=3$
$A'I /\!/ JG$ より，$A'P:GP=A'I:GJ=3:2$
点 P から線分 BF，A'D にそれぞれ垂線 PM，PN をひく。
$PM=\dfrac{3}{5}GF=\dfrac{6}{5}$
$PN=\dfrac{3}{5}GD=\dfrac{18}{5}$

ゆえに，線分 AP は 3 辺の長さが 2 cm，$\dfrac{6}{5}$ cm，$\left(\dfrac{18}{5}-2\right)$ cm の直方体の対角線で
あるから，$AP=\sqrt{2^2+\left(\dfrac{6}{5}\right)^2+\left(\dfrac{18}{5}-2\right)^2}=2\sqrt{2}$

47 (1) $3\sqrt{5}$ cm (2) 18 cm² (3) 24 cm³

解説 (1) $BA=BD$ より，$\angle BMA=90°$，$AM=2$ であるから，
$BM=\sqrt{7^2-2^2}=3\sqrt{5}$

(2) MC=MB=$3\sqrt{5}$
辺 BC の中点を N とすると，∠MNB=90°，BN=3
よって，MN=$\sqrt{(3\sqrt{5})^2-3^2}=\sqrt{36}=6$
ゆえに，△MBC=$\frac{1}{2}\times 6\times 6=18$

(3) AM⊥BM，AM⊥CM より，AM⊥面 MBC
ゆえに，求める体積は，$\left(\frac{1}{3}\times △MBC\times AM\right)\times 2=\left(\frac{1}{3}\times 18\times 2\right)\times 2=24$

48 (1) $(3\sqrt{2}+2\sqrt{5})$ cm (2) $\frac{9}{2}$ cm² (3) 2 cm³ (4) $\frac{4}{3}$ cm

解説 (1) △AEF は AE=EF=2 の直角二等辺三角形であるから，AF=$2\sqrt{2}$
△CMN は CM=CN=1 の直角二等辺三角形であるから，MN=$\sqrt{2}$
FM=AN=$\sqrt{2^2+1^2}=\sqrt{5}$

(2) 四角形 AFMN は等脚台形である。
点 M から辺 AF に垂線 MI をひくと，
MI=$\sqrt{(\sqrt{5})^2-\left(\frac{\sqrt{2}}{2}\right)^2}=\frac{3\sqrt{2}}{2}$
(四角形 AFMN)=$\frac{1}{2}\times(\sqrt{2}+2\sqrt{2})\times\frac{3\sqrt{2}}{2}=\frac{9}{2}$

(3) 線分 AN の延長と FM の延長との交点を P とすると，
AB：NC=2：1 より，BP：CP＝AP：NP=2：1
よって，(三角すい P-AFB の体積)=$\frac{1}{3}\times\left(\frac{1}{2}\times 2\times 2\right)\times 4=\frac{8}{3}$，
(三角すい P-NMC の体積)=$\frac{1}{3}\times\left(\frac{1}{2}\times 1\times 1\right)\times 2=\frac{1}{3}$
また，(三角すい B-NMC の体積)=$\frac{1}{3}\times\left(\frac{1}{2}\times 1\times 1\right)\times 2=\frac{1}{3}$
ゆえに，求める立体の体積は，$\frac{8}{3}-\frac{1}{3}\times 2=2$

(4) (3)より，(四角すい B-AFMN の体積)=2
求める垂線の長さを h cm とすると，
(四角すい B-AFMN の体積)=$\frac{1}{3}\times\frac{9}{2}\times h=2$　　$h=\frac{4}{3}$

49 (1) $\frac{128}{3}\pi$ cm³ (2) $16\sqrt{5}\pi$ cm²

解説 円すいの頂点と球の中心を通る平面で立体を切断すると，右の図のようになる。
(1) AH=8，AO=5 より，OH=3
直角三角形 OBH において，BH=$\sqrt{5^2-3^2}=4$
ゆえに，求める体積は，$\frac{1}{3}\pi\times 4^2\times 8=\frac{128}{3}\pi$

(2) AB=$\sqrt{8^2+4^2}=4\sqrt{5}$
ゆえに，求める側面積は，$\pi\times 4\times 4\sqrt{5}=16\sqrt{5}\pi$

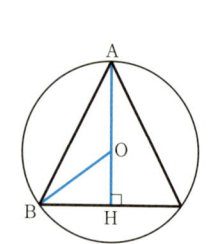

50 (1) $\dfrac{104}{9}\pi \text{cm}^3$ (2) $\dfrac{70}{3}\pi \text{cm}^2$

[解説] (1) 底面の半径3cm，高さが4cmの円すいの体積は，$\dfrac{1}{3}\pi \times 3^2 \times 4 = 12\pi$

この円すいと切り取られた円すいは相似で，相似比は 3：1 であるから，

求める立体の体積は，$12\pi \times \dfrac{3^3 - 1^3}{3^3} = \dfrac{104}{9}\pi$

(2) 底面の半径3cm，高さが4cmの円すいの母線の長さは，$\sqrt{4^2 + 3^2} = 5$ であるから，側面積は，$\pi \times 3 \times 5 = 15\pi$

よって，立体の側面積は，$15\pi \times \dfrac{3^2 - 1^2}{3^2} = \dfrac{40}{3}\pi$

ゆえに，求める表面積は，$\dfrac{40}{3}\pi + \pi + \pi \times 3^2 = \dfrac{70}{3}\pi$

51 (1) $72\sqrt{2}\ \text{cm}^3$ (2) $\dfrac{27\sqrt{3}}{2}\ \text{cm}^2$ (3) $\dfrac{27\sqrt{2}}{2}\ \text{cm}^3$

[解説] (1) $AB = AD = 6$，$BD = 6\sqrt{2}$ より，$AB：AD：BD = 1：1：\sqrt{2}$ であるから，△ABD は ∠A = 90° の直角二等辺三角形である。

頂点 A から四角形 BCDE に垂線 AH をひくと，$AH = \dfrac{1}{\sqrt{2}}AB = 3\sqrt{2}$

ゆえに，求める体積は，

(四角すい A-BCDE の体積) × 2 = $\left(\dfrac{1}{3} \times 6^2 \times 3\sqrt{2}\right) \times 2$

$= 72\sqrt{2}$

(2) 切り口は，MN = 3 を1辺とする正六角形であるから，

求める面積は，$\left(\dfrac{\sqrt{3}}{4} \times MN^2\right) \times 6 = \left(\dfrac{\sqrt{3}}{4} \times 9\right) \times 6 = \dfrac{27\sqrt{3}}{2}$

(3) 切り口は四角形 MNDE である。
三角すい A-MDE と三角すい A-BDE を，
△AME と△ABE をそれぞれ底面とする三角すいと考えると，高さが等しいから，
(三角すい A-MDE の体積)：(三角すい A-BDE の体積)
$= △AME：△ABE = AM：AB = 1：2$ ……①
三角すい A-DMN と三角すい A-DBC を，
△AMN と△ABC をそれぞれ底面とする三角すいと考えると，高さが等しいから，
(三角すい A-DMN の体積)：(三角すい A-DBC の体積)
$= △AMN：△ABC = AM \times AN：AB \times AC = 1：4$ ……②
(三角すい A-BDE の体積) = (三角すい A-DBC の体積)
$= \dfrac{1}{4} \times 72\sqrt{2} = 18\sqrt{2}$ ……③

①，②，③より，求める体積は，
(三角すい A-MDE の体積) + (三角すい A-DMN の体積)
$= \dfrac{1}{2} \times 18\sqrt{2} + \dfrac{1}{4} \times 18\sqrt{2} = \dfrac{27\sqrt{2}}{2}$

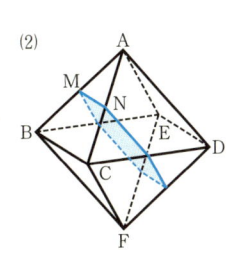

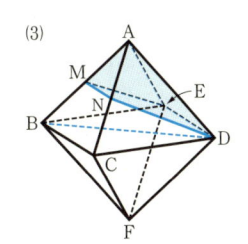

52 $\dfrac{5\sqrt{3}}{6}$ cm

[解説] 正四角すいを3点 A，B，Dを通る平面で切ると，
△ABD は AB＝AD の二等辺三角形である。
△ABD の外接円の半径が，求める球 O の半径である。
球 O の半径を r cm とする。
直角三角形 ABH において， 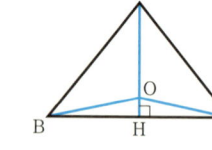
AH＝$\sqrt{(\sqrt{5})^2-(\sqrt{2})^2}=\sqrt{3}$
直角三角形 OBH において，OB＝r，OH＝$\sqrt{3}-r$，BH＝$\sqrt{2}$ であるから，
$r^2=(\sqrt{3}-r)^2+(\sqrt{2})^2$　　$2\sqrt{3}\,r=5$　　$r=\dfrac{5\sqrt{3}}{6}$

53 (1) $\sqrt{6}$ cm　(2) $\dfrac{\sqrt{6}}{3}$ cm　(3) 18：1

[解説] (1) 頂点 A から △BCD に垂線 AH をひく。
辺 BC の中点を M とすると，AM＝DM＝$\dfrac{3\sqrt{3}}{2}$
MH は正三角形 BCD の内接円の半径であるから，
△BCD＝$\left(\dfrac{1}{2}×3×\text{MH}\right)×3=\dfrac{\sqrt{3}}{4}×3^2$　　MH＝$\dfrac{\sqrt{3}}{2}$
ゆえに，直角三角形 AMH において，
AH＝$\sqrt{\left(\dfrac{3\sqrt{3}}{2}\right)^2-\left(\dfrac{\sqrt{3}}{2}\right)^2}=\sqrt{6}$

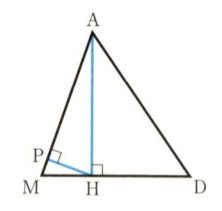

(2) H は球の中心であり，HP が球の半径である。
△AHP∽△AMH より，AH：AM＝HP：MH
$\sqrt{6}：\dfrac{3\sqrt{3}}{2}$＝HP：$\dfrac{\sqrt{3}}{2}$　　3HP＝$\sqrt{6}$　　HP＝$\dfrac{\sqrt{6}}{3}$

(3) AP：AH＝AH：AM より，AP：$\sqrt{6}=\sqrt{6}：\dfrac{3\sqrt{3}}{2}$　　AP＝$\dfrac{4\sqrt{3}}{3}$
PM＝$\dfrac{3\sqrt{3}}{2}-\dfrac{4\sqrt{3}}{3}=\dfrac{\sqrt{3}}{6}$ より，AM：PM＝9：1
よって，(三角すい A-BCD の体積)：(三角すい P-BCD の体積)＝9：1
ゆえに，求める体積の比は，18：1

54 (1) $\dfrac{\sqrt{6}}{3}$ cm　(2) $\dfrac{2\sqrt{5}}{5}$ cm

[解説] (1) 球の中心を O とする。
3点 B，D，F を通る平面による立方体の切り口は，
右の図のようになる。I は線分 BD の中点である。
IJ が求める切り口の円の半径である。 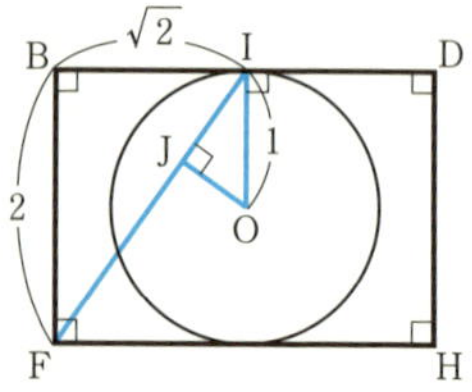
BI＝$\dfrac{1}{2}$BD＝$\sqrt{2}$
直角三角形 FBI において，IF＝$\sqrt{2^2+(\sqrt{2})^2}=\sqrt{6}$
△FBI∽△IJO（2角）であるから，FB：IJ＝FI：IO より，2：IJ＝$\sqrt{6}$：1　　IJ＝$\dfrac{\sqrt{6}}{3}$

(2) 球の中心を O とする。
O を通り平面 BFGC に平行な平面による立方体の切り口は，右の図のようになる。
K, L, N, P は，それぞれ辺 AB, EF, HG, DC の中点である。
Q は球 O と平面 EFGH との接点である。
右の図で，KQ は 3 点 A, B, M をふくむ平面上の線分であるから，QR が求める切り口の円の半径である。
$\angle KLQ = 90°$, $KL = 2$, $LQ = 1$ より，$KQ = \sqrt{2^2 + 1^2} = \sqrt{5}$
$\triangle KLQ \sim \triangle QRO$（2角），$OQ = 1$ より，$KL : QR = KQ : QO$
$2 : QR = \sqrt{5} : 1$ $QR = \dfrac{2\sqrt{5}}{5}$

別解 (1) $AC = CF = FA = 2\sqrt{2}$ より，立方体の切り口は 1 辺の長さが $2\sqrt{2}$ cm の正三角形 ACF であり，球の切り口は $\triangle ACF$ の内接円である。
求める半径を r cm とすると，
$\triangle ACF = \left(\dfrac{1}{2} \times 2\sqrt{2} \times r\right) \times 3 = 3\sqrt{2}\, r$ より，$3\sqrt{2}\, r = \dfrac{\sqrt{3}}{4} \times (2\sqrt{2})^2$ $r = \dfrac{\sqrt{6}}{3}$

55 (1) $\dfrac{\sqrt{3}}{3}$ cm   (2) $\dfrac{8}{25}\pi$ cm^2

解説 (1) 球の中心 O を通り，底面に平行な平面で立体を切断すると，1 辺 2 cm の正三角形に内接する円となる。

球の半径を r cm とすると，$\left(\dfrac{1}{2} \times 2 \times r\right) \times 3 = \dfrac{1}{2} \times 2 \times \sqrt{3}$ $r = \dfrac{\sqrt{3}}{3}$

(2) 辺 BC, EF の中点をそれぞれ M, N, 線分 GH の中点を I とし，平面 ADNM で立体を切断すると，右の図のようになる。
$MN = 2r = \dfrac{2\sqrt{3}}{3}$ $IM = \dfrac{\sqrt{3}}{2}$ $JN = \dfrac{\sqrt{3}}{3}$
MN // KJ より，$\triangle NMI \sim \triangle KJN \sim \triangle KLO$ ……①
$MN : JK = MI : JN = 3 : 2$ より，$JK = \dfrac{4\sqrt{3}}{9}$
よって，$OK = JK - OJ = \dfrac{4\sqrt{3}}{9} - \dfrac{\sqrt{3}}{3} = \dfrac{\sqrt{3}}{9}$
直角三角形 NMI において，$IN = \sqrt{\left(\dfrac{2\sqrt{3}}{3}\right)^2 + \left(\dfrac{\sqrt{3}}{2}\right)^2} = \dfrac{5\sqrt{3}}{6}$
①より，$OL : IM = OK : IN = \dfrac{\sqrt{3}}{9} : \dfrac{5\sqrt{3}}{6} = 2 : 15$
よって，$OL = \dfrac{\sqrt{3}}{15}$
$\triangle OPL$ で，$\angle OLP = 90°$ より，$PL^2 = \left(\dfrac{\sqrt{3}}{3}\right)^2 - \left(\dfrac{\sqrt{3}}{15}\right)^2 = \dfrac{8}{25}$
ゆえに，求める面積は，$\pi \times PL^2 = \dfrac{8}{25}\pi$

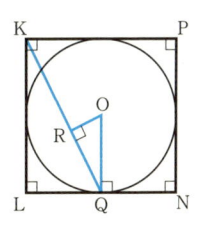

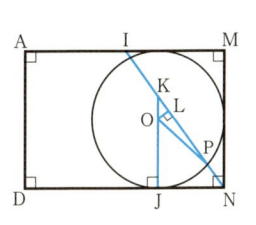

56 (1) 4cm (2) $\left(8+\dfrac{8\sqrt{6}}{3}\right)$ cm

解説 (1) 底面に接している3個の球の中心をそれぞれ
A, B, Cとし, この3点を通る平面で立体を切ると,
右の図のようになる。
球の半径を r cm とすると, $LG=HM=\sqrt{3}\,r$, $GH=2r$ より,
$LM=2r+2\sqrt{3}\,r$
よって, $2r+2\sqrt{3}\,r=8+8\sqrt{3}$ $r=4$
(2) 上にある球の中心を D とすると, 三角すい D-ABC
は1辺の長さが8cmの正四面体である。
辺 AB の中点を E とし, 頂点 D から △ABC に垂線 DF
をひくと, 点 F は線分 CE 上にある。
$CE=DE=4\sqrt{3}$, $CF=x$ cm とすると, $\angle DFE=90°$ より,
$DF^2=(4\sqrt{3})^2-(4\sqrt{3}-x)^2=8^2-x^2$
$8\sqrt{3}\,x=64$ $x=\dfrac{8\sqrt{3}}{3}$

よって, $DF=\sqrt{8^2-\left(\dfrac{8\sqrt{3}}{3}\right)^2}=\dfrac{8\sqrt{6}}{3}$

ゆえに, 求める高さは, $4\times 2+\dfrac{8\sqrt{6}}{3}=8+\dfrac{8\sqrt{6}}{3}$

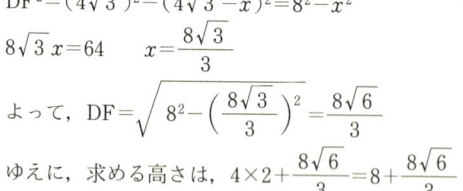

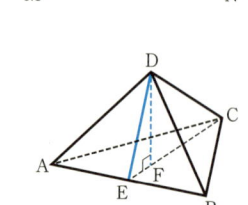

57 (1) 3cm (2) 3cm (3) $\sqrt{3}$ cm

解説 (1) 3点 O, A, H を通る平面で立体を切ると,
右の図のようになる。
直角三角形 ABH において, $AH=\sqrt{4^2-2^2}=2\sqrt{3}$
△ABH の3辺の比は $1:2:\sqrt{3}$ であるから,
$\angle ABH=60°$
よって, △OBQ の角の大きさは 90°, 60°, 30° で
あるから, $BQ=\dfrac{1}{\sqrt{3}}OQ=1$
ゆえに, $HQ=2+1=3$
(2) $BP=BQ=1$
ゆえに, $AP=AB-BP=3$
(3) 直角三角形 APO において, $OP=\sqrt{3}$, $AP=3$ より, $AO=\sqrt{(\sqrt{3})^2+3^2}=2\sqrt{3}$
ゆえに, $AR=2\sqrt{3}-\sqrt{3}=\sqrt{3}$

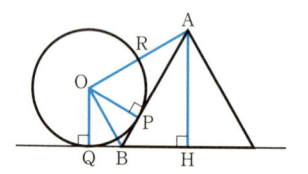

4章 総合問題

1 (1) $\dfrac{3}{2}$ cm (2) $\dfrac{9}{4}$ cm² (3) $\dfrac{5}{2}$ cm²

解説 (1) AD は ∠A の二等分線であるから，BD：DC＝AB：AC＝5：3

ゆえに，CD＝$\dfrac{3}{5+3}$BC＝$\dfrac{3}{2}$

(2) △ABC は，BC²＋AC²＝AB² より，∠C＝90° の直角三角形である。

ゆえに，△ACD＝$\dfrac{1}{2}$×$\dfrac{3}{2}$×3＝$\dfrac{9}{4}$

(3) △ABD：△ACD＝BD：CD＝5：3 より，△ABD＝$\dfrac{5}{3}$△ACD＝$\dfrac{5}{3}$×$\dfrac{9}{4}$＝$\dfrac{15}{4}$

BE は ∠B の二等分線であるから，AE：ED＝BA：BD＝5：$\left(4-\dfrac{3}{2}\right)$＝2：1

△ABE：△ABD＝2：3 より，△ABE＝$\dfrac{2}{3}$△ABD＝$\dfrac{2}{3}$×$\dfrac{15}{4}$＝$\dfrac{5}{2}$

2 (1) $2\sqrt{3}$ cm (2)(i) 120° (ii) $\left(\dfrac{8}{3}\pi-3\sqrt{3}\right)$ cm²

解説 (1) 直角三角形 ABC において，AC＝$\sqrt{8^2-4^2}$＝$4\sqrt{3}$

中点連結定理より，DE＝$\dfrac{1}{2}$AC＝$2\sqrt{3}$

(2)(i) ∠ACB＝90°，CE∥FD，FC∥DE より，四角形 CFDE は長方形であるから，円の中心 O は対角線の交点である。

また，△ABC は CB：BA：AC＝1：2：$\sqrt{3}$ の
直角三角形である。
AB∥FE より，∠CFE＝∠CAB＝30°
よって，∠COE＝2∠CFE＝60°
ゆえに，∠DOE＝180°－60°＝120°

(ii) (円の直径 EF)＝$\dfrac{1}{2}$AB＝4

半円 FCE と弦 CF，CE で囲まれた部分の面積は，
$\dfrac{1}{2}$×π×2²－$\dfrac{1}{2}$×$2\sqrt{3}$×2＝2π－$2\sqrt{3}$

円 O と辺 AB との交点で，D 以外の交点を G とすると，
△OFD は正三角形，∠ADF＝60° であるから，∠ODG＝60°
また，OD＝OG（半径）より，△ODG は正三角形である。
よって，∠DOG＝60°

$\overset{\frown}{DG}$ と弦 DG で囲まれた部分の面積は，π×2²×$\dfrac{60}{360}$－$\dfrac{\sqrt{3}}{4}$×2²＝$\dfrac{2}{3}$π－$\sqrt{3}$

ゆえに，求める面積は，$(2\pi-2\sqrt{3})+\left(\dfrac{2}{3}\pi-\sqrt{3}\right)$＝$\dfrac{8}{3}\pi-3\sqrt{3}$

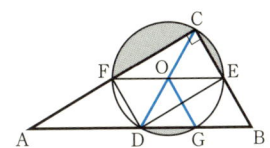

3 (1) $1\,\text{cm}$　(2) $(2+\sqrt{2})\,\text{cm}^2$

解説 (1) △ABD は直角二等辺三角形であるから，$AB=\sqrt{2}\,BD=2$
中点連結定理より，$MN=\dfrac{1}{2}AB=1$

(2) 点 M を通り，辺 BC に垂直な直線をひき，
辺 AC との交点を E とする。
$\angle C=\dfrac{1}{2}\times 45°=22.5°$ より，
$\angle DAC=90°-22.5°=67.5°$
$AD\parallel EM$ より，$\angle MEN=\angle DAC=67.5°$
$AB\parallel NM$ であるから，$\angle NMC=\angle ABC=45°$ より，$\angle ENM=45°+22.5°=67.5°$
よって，△MEN は二等辺三角形であり，$ME=MN=1$
$AD\parallel EM$ より，$AD:EM=DC:MC$
$MC=x\,\text{cm}$ とすると，$DC=BC-BD=2x-\sqrt{2}$
よって，$\sqrt{2}:1=(2x-\sqrt{2}):x$　　$(\sqrt{2}-1)x=1$　　$x=\sqrt{2}+1$
ゆえに，$\triangle ABC=\dfrac{1}{2}\times 2(\sqrt{2}+1)\times\sqrt{2}=2+\sqrt{2}$

別解 (2) 点 N から辺 AC に垂直な直線をひき，
辺 BC との交点を H とする。
N は辺 AC の中点であるから，
△HAC は二等辺三角形である。
よって，$\angle CAH=\angle ACH=22.5°$，$AH=CH$
$\angle AHD=2\angle ACH=45°$ より，△ADH は直角二等辺三角形である。
よって，$DH=AD=\sqrt{2}$，$CH=AH=2$
$BC=BD+DH+HC=\sqrt{2}+\sqrt{2}+2=2\sqrt{2}+2$
ゆえに，$\triangle ABC=\dfrac{1}{2}\times(2\sqrt{2}+2)\times\sqrt{2}=2+\sqrt{2}$

4 (1) $(3-\sqrt{3})\,\text{cm}^2$　(2) $\dfrac{8}{3}\pi\,\text{cm}$

解説 (1) 右の図において，
$OA=2$ より，$AH=1$，$OH=\sqrt{3}$
$OB=2OH=2\sqrt{3}$
よって，$BD=OB-OD=2\sqrt{3}-2$ ……①
△BDG で，$\angle BDG=180°-120°=60°$
また，$\angle DBG=30°$ より，$\angle BGD=90°$
①より，$DG=\dfrac{1}{2}BD=\sqrt{3}-1$，
$BG=\dfrac{\sqrt{3}}{2}BD=3-\sqrt{3}$
ゆえに，求める面積は，$\dfrac{1}{2}\times 2\sqrt{3}\times 1-\dfrac{1}{2}\times(3-\sqrt{3})\times(\sqrt{3}-1)=3-\sqrt{3}$

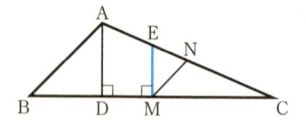

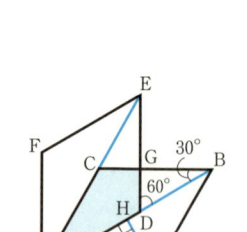

(2) 求める面積は，
{(おうぎ形 OBE)＋△OEF}－{(おうぎ形 OCF)＋△OBC}
＝(おうぎ形 OBE)－(おうぎ形 OCF)
＝$\frac{1}{3}\times\pi\times(2\sqrt{3})^2-\frac{1}{3}\times\pi\times 2^2=\frac{8}{3}\pi$

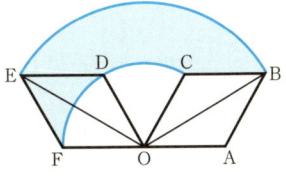

5 (1) $\frac{6\sqrt{7}}{7}$ cm (2) 6 cm (3) $\frac{2}{3}\pi$ cm²

解説 (1) 直角三角形 ABD において，
BD＝$\sqrt{4^2+(2\sqrt{3})^2}=\sqrt{28}=2\sqrt{7}$
△BCD∽△CQD（2角）より，BD:CD＝DC:DQ $2\sqrt{7}:2\sqrt{3}=2\sqrt{3}:DQ$
DQ＝$\frac{12}{2\sqrt{7}}=\frac{6\sqrt{7}}{7}$

(2) ∠BQC＝90° より，点 Q は線分 BC を直径とする半円周上を動く。
よって，線分 DQ の長さが最小になるのは，半円の中心 O と D を結ぶ線分 OD と，半円 O との交点が Q であるときである。
OC＝2, CD＝$2\sqrt{3}$ より，∠COQ＝60°
∠CBQ＝30° より，AP＝$\sqrt{3}$ AB＝6

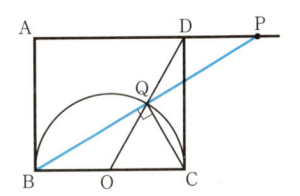

(3) 右の図で，R は，頂点 D を通る円 O の接線の接点である。
点 Q は円周上を点 B から F まで動くから，線分 DQ が動いてできる図形は，図の青色の部分である。
∠RBO＝60° より，RB∥DO
よって，△BRD＝△BRO より，求める面積はおうぎ形 OBR の面積に等しい。
ゆえに，$\frac{1}{6}\times\pi\times 2^2=\frac{2}{3}\pi$

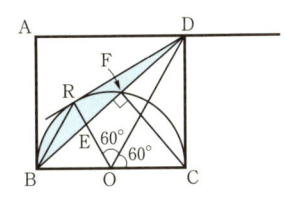

6 (1) $11\sqrt{3}$ cm² (2) $S=\frac{\sqrt{3}}{4}(11t^2-72t+144)$ (3) $t=\frac{28}{11}$, 4, $\frac{30-2\sqrt{33}}{3}$

解説 (1) AR＝12－CR＝10 より，点 R から辺 AB にひいた垂線の長さは，
$\frac{\sqrt{3}}{2}$AR＝$5\sqrt{3}$
よって，△APR＝$\frac{1}{2}\times 6\times 5\sqrt{3}=15\sqrt{3}$
同様にして，
△BQP＝$\frac{1}{2}\times$BQ$\times\left(\frac{\sqrt{3}}{2}BP\right)=\frac{1}{2}\times 4\times 3\sqrt{3}=6\sqrt{3}$,
△CRQ＝$\frac{1}{2}\times$CR$\times\left(\frac{\sqrt{3}}{2}CQ\right)=\frac{1}{2}\times 2\times 4\sqrt{3}=4\sqrt{3}$
また，△ABC＝$\frac{\sqrt{3}}{4}\times 12^2=36\sqrt{3}$
ゆえに，△PQR＝$36\sqrt{3}-(15\sqrt{3}+6\sqrt{3}+4\sqrt{3})=11\sqrt{3}$

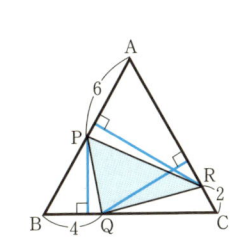

4章—総合問題

(2) $0 \leq t \leq 4$ のとき，(1)と同様にして，

$\triangle APR = \frac{1}{2} \times 3t \times \frac{\sqrt{3}}{2}(12-t) = \frac{\sqrt{3}}{4} \times 3t(12-t)$,

$\triangle BQP = \frac{\sqrt{3}}{4} \times 2t(12-3t)$, $\triangle CRQ = \frac{\sqrt{3}}{4} \times t(12-2t)$

ゆえに，$S = 36\sqrt{3} - \frac{\sqrt{3}}{4} \times \{3t(12-t) + 2t(12-3t) + t(12-2t)\}$

$= \frac{\sqrt{3}}{4}(11t^2 - 72t + 144)$

(3) (i) $0 \leq t \leq 4$ のとき，$\frac{\sqrt{3}}{4}(11t^2 - 72t + 144) = 8\sqrt{3}$ を解くと，$t = \frac{28}{11}$, 4

$0 \leq t \leq 4$ より，$t = \frac{28}{11}$, 4

(ii) $4 < t \leq 6$ のとき，点 P，Q は辺 BC 上にある。
$PQ = 2t - (3t - 12) = 12 - t$

よって，$\triangle PQR = \frac{1}{2} \times (12-t) \times \frac{\sqrt{3}}{2}t = \frac{\sqrt{3}}{4}t(12-t)$

$\frac{\sqrt{3}}{4}t(12-t) = 8\sqrt{3}$ より，$t = 4, 8$

これは，$4 < t \leq 6$ を満たさない。

(iii) $6 < t < 8$ のとき，点 P は辺 BC，点 Q，R は辺 CA 上にある。
$QR = t - (2t - 12) = 12 - t$

よって，$\triangle PQR = \frac{1}{2} \times (12-t) \times \frac{\sqrt{3}}{2}(24-3t) = \frac{\sqrt{3}}{4}(12-t)(24-3t)$

$\frac{\sqrt{3}}{4}(12-t)(24-3t) = 8\sqrt{3}$ より，$t = \frac{30 \pm 2\sqrt{33}}{3}$

$6 < t < 8$ より，$t = \frac{30 - 2\sqrt{33}}{3}$

ゆえに，(i)，(ii)，(iii)より，$t = \frac{28}{11}$, 4, $\frac{30 - 2\sqrt{33}}{3}$

7 (1) 6：7 (2) 1：1 (3) 4 倍

解説 (1) $\triangle AFG : \triangle ABG = AF : AB = 2 : 7$ より，

$\triangle AFG = \frac{2}{7}\triangle ABG$

$\triangle AEG : \triangle ACG = AE : AC = 1 : 3$ より，

$\triangle AEG = \frac{1}{3}\triangle ACG$

$BD = DC$ より，$\triangle ABG = \triangle ACG$

ゆえに，$\triangle AFG : \triangle AEG = \frac{2}{7} : \frac{1}{3} = 6 : 7$

(2) $\triangle ABG : \triangle BCG = AE : EC = 1 : 2$ より，$\triangle ABG = \frac{1}{2}\triangle BCG = \triangle BGD$

ゆえに，$AG : GD = 1 : 1$

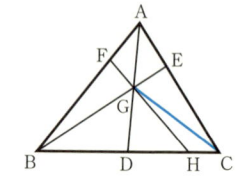

(3) 点Dから線分FHに平行な直線をひき，
辺ABとの交点をIとすると， 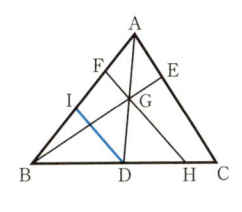
AF：FI＝AG：GD＝1：1
AF：FB＝2：5 より，BD：DH＝BI：IF＝3：2
BD＝DC より，DH：DC＝2：3
よって，△DAC：△DGH＝DA×DC：DG×DH
＝2×3：1×2＝3：1
ゆえに，△DGH＝$\frac{1}{3}$△ADC ……①
また，△ADC：△AGE＝AD×AC：AG×AE＝2×3：1×1＝6：1
ゆえに，△AGE＝$\frac{1}{6}$△ADC ……②
①，②より，（四角形CEGH）＝△ADC－（△DGH＋△AGE）＝$\frac{1}{2}$△ADC＝$\frac{1}{4}$△ABC

8 (1) $2\sqrt{10}$ cm

(2)(i) 6cm (ii) $\frac{8}{3}$cm (iii) $\frac{9}{4}$倍

解説 (1) AB＝DC より，∠ACB＝∠DAC
錯角が等しいから，AD∥BC
よって，四角形ABCDは等脚台形である。
頂点A，Dから辺BCにそれぞれ垂線AG，DHをひくと，
BG＝CH＝1 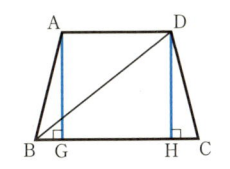
∠DHC＝90° より，DH＝$\sqrt{4^2-1^2}$＝$\sqrt{15}$
ゆえに，BD＝$\sqrt{5^2+(\sqrt{15})^2}$＝$\sqrt{40}$＝$2\sqrt{10}$

(2)(i) AC＝BD，BD＝BE より，AC＝BE
よって，$\overparen{ADEC}$＝$\overparen{BCE}$ より，∠ABC＝∠BAE ……①
四角形ABCEは円に内接するから，
∠BAE＋∠BCE＝180° ……②
①，②より，∠ABC＋∠BCE＝180°
ゆえに，AB∥EC となり，四角形ABCEは等脚台形である。
したがって，AE＝BC＝6

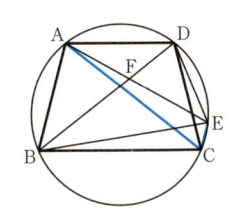

(ii) △ADFと△AEDにおいて，∠DAF＝∠EAD
また，AB＝AD より，∠ADF＝∠AED
よって，△ADF∽△AED（2角）
ゆえに，AF：AD＝AD：AE　　AF：4＝4：6
AF＝$\frac{16}{6}$＝$\frac{8}{3}$

(iii) △ABE：△ABF＝AE：AF＝6：$\frac{8}{3}$＝9：4
△AED：△AFD＝AE：AF＝9：4
ゆえに，四角形ABEDの面積は，△ABDの面積の$\frac{9}{4}$倍である。

9 (1) $3\sqrt{7}$ cm² (2) $2\sqrt{2}$ cm (3) $\dfrac{16\sqrt{2}}{3}\pi$ cm³

解説 (1) △BCD は二等辺三角形であるから，∠DMB＝90° より，
MD＝$\sqrt{4^2-(\sqrt{7})^2}=3$
ゆえに，△BCD＝$\dfrac{1}{2}\times 2\sqrt{7}\times 3=3\sqrt{7}$

(2) MD＝MA であるから，△AMD は二等辺三角形である。
辺 AD の中点を E とすると，∠AEM＝90° より，ME＝$\sqrt{3^2-(\sqrt{3})^2}=\sqrt{6}$
△AMD＝$\dfrac{1}{2}\times 3\times$ AH＝$\dfrac{1}{2}\times 2\sqrt{3}\times\sqrt{6}$ より，AH＝$2\sqrt{2}$

(3) BC⊥AM，BC⊥DM より，BC⊥面 ADM　よって，BC⊥AH
また，MD⊥AH であるから，面 BCD⊥AH
∠AHD＝90° より，DH＝$\sqrt{(2\sqrt{3})^2-(2\sqrt{2})^2}=2$　よって，MH＝3－2＝1
∠BMH＝90° より，BH＝CH＝$\sqrt{(\sqrt{7})^2+1^2}=2\sqrt{2}$
よって，回転体は，底面の半径が $2\sqrt{2}$ cm，高さが $2\sqrt{2}$ cm の円すいになるから，
求める体積は，$\dfrac{1}{3}\pi\times(2\sqrt{2})^2\times 2\sqrt{2}=\dfrac{16\sqrt{2}}{3}\pi$

10 (1) 2 cm (2) $\dfrac{8\sqrt{15}}{3}\pi$ cm³ (3) $\dfrac{2\sqrt{15}}{5}$ cm

解説 (1) 図に，右のように記号をつける。底面の円 O の半径を r cm とする。
側面の展開図である，おうぎ形の中心角が 90° であるから，AB＝$4r$ となる。
直角三角形 AOE において，
AO＝$5r$，AE＝$4r-r=3r$，OE＝$10-r$ より，
$(5r)^2=(3r)^2+(10-r)^2$　　$3r^2+4r-20=0$
$r=2$，$-\dfrac{10}{3}$　　$0<r<10$ より，$r=2$

(2) 円すいの高さは，$\sqrt{8^2-2^2}=2\sqrt{15}$
ゆえに，求める体積は，$\dfrac{1}{3}\pi\times 2^2\times 2\sqrt{15}=\dfrac{8\sqrt{15}}{3}\pi$

(3) 円すいの頂点 A と球の中心 P を通る平面で
円すいを切断すると，切り口は右の図のようになる。
球の半径を x cm とする。
AH＝8，MH＝2，AP＝$2\sqrt{15}-x$ より，
△AMH∽△ANP（2角）であるから，AH：AP＝MH：NP
$8:(2\sqrt{15}-x)=2:x$　　$x=\dfrac{2\sqrt{15}}{5}$

11 (1) $2\sqrt{7}$ cm (2) $5\sqrt{3}$ cm² (3) $\dfrac{12}{5}$ cm

解説 (1) △IJK において，IJ＝JK＝2，∠IJK＝120°
線分 IK の中点を P とすると，IP＝$\dfrac{\sqrt{3}}{2}$IJ＝$\sqrt{3}$　　よって，IK＝2IP＝$2\sqrt{3}$
ゆえに，直角三角形 EIK において，EI＝$\sqrt{(2\sqrt{3})^2+4^2}=2\sqrt{7}$

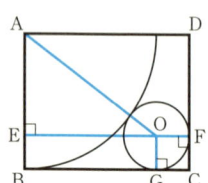

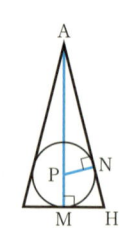

(2) AI=EI=$2\sqrt{7}$　　AE=$2\sqrt{3}$
二等辺三角形 IEA において, 辺 AE の中点を Q とすると,
∠IQA=90° であるから, IQ=$\sqrt{(2\sqrt{7})^2-(\sqrt{3})^2}=5$
ゆえに, △IEA=$\frac{1}{2}\times 2\sqrt{3}\times 5=5\sqrt{3}$

(3) △ACE は 1 辺の長さが $2\sqrt{3}$ cm の正三角形であるから,
△ACE=$\frac{\sqrt{3}}{4}\times(2\sqrt{3})^2=3\sqrt{3}$

よって, (三角すい I-ACE の体積)=$\frac{1}{3}\times 3\sqrt{3}\times 4=4\sqrt{3}$

CM=h cm とすると, (三角すい I-ACE の体積)=$\frac{1}{3}\times 5\sqrt{3}\times h=\frac{5\sqrt{3}}{3}h$

$\frac{5\sqrt{3}}{3}h=4\sqrt{3}$ より, $h=\frac{12}{5}$

別解 (3) 辺 AE の中点を Q とすると,
△ACQ において, ∠AQC=90°
また, ∠CAQ=60° より, CQ=$\frac{\sqrt{3}}{2}$AC=3
直角三角形 ICQ において, IQ=$\sqrt{4^2+3^2}=5$
点 M は線分 IQ 上にあり, △ICQ∽△CMQ（2 角）であるから,
IC：CM=IQ：CQ　　4：CM=5：3　　CM=$\frac{12}{5}$

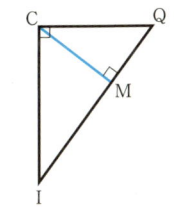

12 (1) 5 m　(2) 8 m²　(3) $\frac{22}{3}$ m³

解説 (1) PQ∥AB より, PQ：AB=PE：AE
PQ：2=$\left(\frac{9}{2}+3\right)$：3　　PQ=5

(2) QE：BE=PQ：AB=5：2, QF：CF=PQ：DC=5：2 より,
△QBC∽△QEF（2 辺の比とはさむ角）, 相似比は QB：QE=3：5
よって, △QBC：△QEF=$3^2:5^2=9:25$
ゆえに, 求める面積は, $\frac{25}{2}\times\frac{25-9}{25}=8$

(3) (三角すい P-QEF の体積)=$\frac{1}{3}\times\frac{25}{2}\times 5=\frac{125}{6}$

PQ 上に, QR=2 となる点 R をとると, 三角すい P-RAD∽三角すい P-QEF,
相似比は PR：PQ=3：5
よって, (三角すい P-RAD の体積)：(三角すい P-QEF の体積)=$3^3:5^3=27:125$ より,
(三角すい P-RAD の体積)=$\frac{125}{6}\times\frac{27}{125}=\frac{9}{2}$

△QBC=$\frac{25}{2}-8=\frac{9}{2}$ より, (三角柱 RAD-QBC の体積)=$\frac{9}{2}\times 2=9$

ゆえに, 求める体積は, $\frac{125}{6}-\frac{9}{2}-9=\frac{22}{3}$

13 (1)　　　　　　　　(2) 2cm　(3) 1:4　(4) 3cm　(5) $3\sqrt{2}$ cm

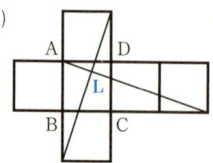

[解説] (1) 展開図に立方体の頂点を記入して考える。
(2) 右の図で，EF // HG より，
AK:DK=AF:DH=6:3=2:1
ゆえに，AK=$\dfrac{2}{2+1}$AD=2

(3) 右の図で，AD // CF' より，
DI:CI=AD:F'C=3:6=1:2
よって，DI=$\dfrac{1}{1+2}$DC=1
AF // HI より，AL:IL=AF:IH=6:4=3:2
よって，ML=$\dfrac{3}{3+2}$AD=$\dfrac{9}{5}$

ML // BF' より，AM:AB=ML:BF'=$\dfrac{9}{5}$:9=1:5
ゆえに，AM:MB=1:4

(4) △BML で，∠BML=90°, BM=$\dfrac{4}{1+4}$AB=$\dfrac{12}{5}$

三平方の定理より，BL=$\sqrt{\left(\dfrac{12}{5}\right)^2+\left(\dfrac{9}{5}\right)^2}$=3

(5) △FBL において，∠FBL=90° より，FL=$\sqrt{3^2+3^2}$=$3\sqrt{2}$

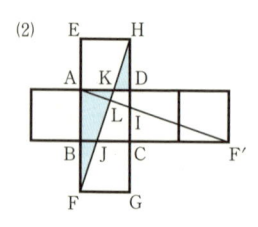

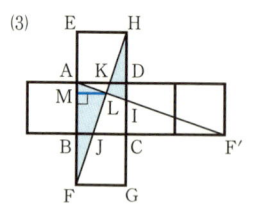

14 (1) $\dfrac{\sqrt{3}}{4}$cm² 　(2) $\dfrac{3\sqrt{3}}{4}$cm³
(3) $\dfrac{\sqrt{3}}{2}$cm³ 　(4) $\dfrac{1}{4}$cm

[解説] (1) ∠ACB=120° であるから，頂点 C から辺 AB に垂線 CN をひくと，
∠ACN=60°
よって，AN=$\dfrac{\sqrt{3}}{2}$, CN=$\dfrac{1}{2}$
ゆえに，△ABC=$\dfrac{1}{2}$×$\sqrt{3}$×$\dfrac{1}{2}$=$\dfrac{\sqrt{3}}{4}$

(2) 三角柱 ABC-DGH の容積は，$\dfrac{\sqrt{3}}{4}$×1=$\dfrac{\sqrt{3}}{4}$

三角柱 ADE-BGF の容積は，△ADE×AB=$\left(\dfrac{1}{2}×1×1\right)$×$\sqrt{3}$=$\dfrac{\sqrt{3}}{2}$

ゆえに，求める容積は，$\dfrac{\sqrt{3}}{4}$+$\dfrac{\sqrt{3}}{2}$=$\dfrac{3\sqrt{3}}{4}$

(3) 水がはいっている部分は，辺 AD 上の点 I を通り，面 ABC と平行な平面で立体を切ったときの下の部分（青色の部分）である。

△ADE は直角二等辺三角形であるから，$DI=\dfrac{1}{2}$ のとき，$IJ=\dfrac{1}{2}$ である。

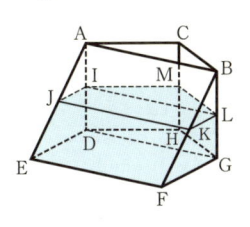

（三角柱 ILM-DGH の体積）$=\dfrac{\sqrt{3}}{4}\times\dfrac{1}{2}=\dfrac{\sqrt{3}}{8}$

（四角柱 IJED-LKFG の体積）$=$（台形 IJED）$\times\sqrt{3}$
$=\left\{\dfrac{1}{2}\times\left(\dfrac{1}{2}+1\right)\times\dfrac{1}{2}\right\}\times\sqrt{3}=\dfrac{3\sqrt{3}}{8}$

ゆえに，求める体積は，$\dfrac{\sqrt{3}}{8}+\dfrac{3\sqrt{3}}{8}=\dfrac{\sqrt{3}}{2}$

(4) 右上の(3)の図で，$DI=x$ cm とすると，$IJ=1-x$

水の体積は，$\dfrac{\sqrt{3}}{4}x+\left[\dfrac{1}{2}\times\{(1-x)+1\}\times x\right]\times\sqrt{3}=\dfrac{\sqrt{3}}{4}(-2x^2+5x)$

$\dfrac{\sqrt{3}}{4}(-2x^2+5x)=\dfrac{3}{8}\times\dfrac{3\sqrt{3}}{4}$ より，$16x^2-40x+9=0$

$(4x-1)(4x-9)=0$ $0<x<1$ より，$x=\dfrac{1}{4}$

15 (1) $\dfrac{32\sqrt{2}}{3}$ cm³ (2) $3\sqrt{2}$ cm² (3) $\dfrac{5\sqrt{2}}{3}$ cm³

[解説] (1) 頂点 O から正方形 ABCD に垂線 OH をひく。 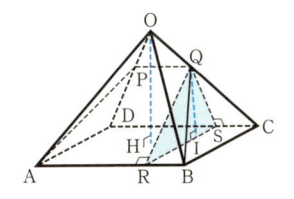
△OAC は，$OA=OC=4$，$AC=4\sqrt{2}$ より，
直角二等辺三角形であるから，$OH=\dfrac{OA}{\sqrt{2}}=2\sqrt{2}$

ゆえに，求める体積は，$\dfrac{1}{3}\times 4^2\times 2\sqrt{2}=\dfrac{32\sqrt{2}}{3}$

(2) 点 Q から正方形 ABCD に垂線 QI をひく。
$OH:QI=OC:QC=4:3$ より，$QI=\dfrac{3}{4}OH=\dfrac{3\sqrt{2}}{2}$

ゆえに，求める面積は，$\dfrac{1}{2}\times 4\times\dfrac{3\sqrt{2}}{2}=3\sqrt{2}$

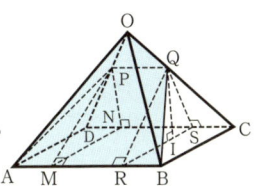

(3) 点 P から辺 AB，CD にそれぞれ垂線 PM，PN をひく。
$OP:OD=OQ:OC=1:4$ より，$PQ \mathbin{/\mkern-5mu/} DC$

$DC:PQ=OC:OQ=4:1$ より，$PQ=\dfrac{1}{4}DC=1$

四角形 PABQ は等脚台形であるから，$AM=BR=(4-1)\div 2=\dfrac{3}{2}$

よって，（四角すい P-AMND の体積）$=$（四角すい Q-RBCS の体積）
$=\dfrac{1}{3}\times\left(\dfrac{3}{2}\times 4\right)\times\dfrac{3\sqrt{2}}{2}=3\sqrt{2}$

（三角柱 PMN-QRS の体積）$=3\sqrt{2}\times 1=3\sqrt{2}$

ゆえに，求める体積は，$\dfrac{32\sqrt{2}}{3}-3\sqrt{2}\times 3=\dfrac{5\sqrt{2}}{3}$